形象
决定
未来
余 静◎主编
U0904178
辽宁科学技术出版社
·沈阳·

长江日报报业集团《投资时报》总策划

全球职业生涯规划师

湖北省策划行业协会会长

张建国（笔名：张戈哥）

这是一个全球“策划”的大时代！生活、学习、工作中无处不在策划。

这是一个“品牌”的大时代！生活、学习、工作中无处不在谈论品牌。

这是一个“自我营销”的大时代！生活、学习、工作中无处不在自我营销。

这是一个“聚合精英、共襄盛举”的大时代，我们必须时刻肩负“学在先，想在先，敢为天下先”、“与人谋，与己谋，愿为天下谋”的使命！坚持“精研、深究、远谋”的精神，驰骝在生活、学习、工作中，你会惊奇地发现自信的魅力在悄然升华。

在这里我以个人对本书作者多年的了解，庄严地推荐《形象决定未来》一书。本书详尽地诠释了在生活、学习、工作中无处不体现着自我形象塑造的重要性，好好地“审时度己”，在这个自我营销、品牌、策划的大时代，让一切的一切用形象决定未来了。

清华大学企业管理系列研修课程 总策划

北京海天伟业文化发展有限公司 董事长

胡 涛

古往今来，中国各个朝代对服饰、形象都有不同的诠释，古有“衣冠之治”，不同的官员在着装、配饰上都有严格的规定，在现代社会更是“七秒之中定乾坤”！ 如果你看上去不成功，你就很难成功！ 作为一个成功的企业家，个人形象的塑造是非常重要的。

在北京清华大学企业管理总裁班上，余静老师优雅传授形象礼仪的系列课程，现场指导，其娴熟的色彩服饰、彩妆造型功底，让所有在场的企业家们赞叹不已！《形象决定未来》一书，凝聚了余静老师多年实战经验，读书如谋面，余老师用自身知性、高雅的形象，演绎着“形象与礼仪”的经典。

“十年磨一剑”！相信你通过阅读此书，对自我形象的塑造会有一个全新的理解！

英国渣打银行中国区人力资源部上海营运总监

叶阿次（博士）（左）

相信许多人都知道，在人与人的交往中，第一印象是非常重要的，有时一个错误的第一印象要靠几十甚至几百倍的时间来挽回。当然，更有可能是一旦失去就再也无法得到，而本书很好地诠释了如何管理好你的第一印象。

蒙古大营创始人
内蒙古自治区政协委员
内蒙古自治区工商联副主席

敖其尔

中国乃礼仪之邦，《形象决定未来》是当今社会成功人士必读之书。

台湾著名整体形象造型大师

翁姝玲（左）

自我形象的塑造与培训是一份美丽的事业。多年前，当我第一次见到余静老师时，深深被她的执着与灵性所感动！而今通过多年的教学与实战，让大家欣喜地看到《形象决定未来》一书面世，在书中详细地阐述了个人形象与礼仪的关键点，相信这本书能为所有热爱美丽、精彩生活的优雅女性提供一个完美形象的指引！

世界500强跨国企业营销总监

王议萱

这是一本非常细致与实用的形象礼仪教科书，随着时代的发展，外在形象的包装已不再是明星的“专利”，许多职场人士对自己的形象也越来越重视。在销售这样一个与人面对面的行业，外在形象与内在涵养同样重要！作为跨国企业的营销总监，我始终认为高素质更应该有好形象去展现。近十年时间的耕耘与收获，我们的营销精英们都爱听余老师的课程，更为余静老师执着敬业、不断追求的专业精神所感动。《形象决定未来》为我们所有的职场精英们提供了一个专业的形象指南！

前言 PREFACE

光阴似箭，回眸一望，我在教育培训行业已度过近十个春秋，一直以来，严谨、完美是我一贯的工作理念，几千个日日夜夜，从这个城市飞到那个城市，不断地来回穿梭，今天还在北京，第二天很可能就出现在深圳企业的讲台上。在不同的城市，品尝着不同的当地特色美味；在不同的城市，体验着各地不同的风土人情。

一次在北京清华大学的企业总裁班上，一位非常成功的企业家问我："余老师，您是我见到的最优雅、最有奋斗精神的礼仪老师！您习惯这样全国各城市飞来飞去的生活吗？"我笑了笑，像往常一样爽朗地回答："四海皆兄弟，挚交天下友！四海皆是家啊！"说实话，我非常喜欢礼仪教育事业，虽然旅途劳顿，长途跋涉，但每到一处，都会结交到一群良师益友。"礼赢天下！"当不同行业的精英在礼仪课堂上学有所获的时候；当企业受益于礼仪培训，整体素质得到快速提升的时候；当感谢的鲜花、掌声赠予我们的时候，一切的努力都有价值，一切的辛苦都值得！

在如今商场竞争中，精英汇集、人才济济。可是，许多怀才不遇的高学历人群却满心疑惑：为何他学历不高，却获得客户的一致好评？为何她不算美貌，却有一个那么帅气、能干的男友？为何他资质平平，却深得老板赏识，在公司春风得意？女性朋友们在职场上更是有数不清的烦恼，如今在婚姻问题上出现的"圣女"（剩女）现象，其中高学历女性占有非常大的比例。为何这群在学问上曾经创造辉煌的佼佼者，进入商场之后就"潜龙卧滩"了呢？有社会学家疾呼："现在这社会到底是怎么了？""她们到底缺什么呢？"

其实，解答这个问题并不太难，从中西方不同的文化及教育方式可见一斑，我们首先来说说中西方在饮食上的"馅儿文化"。过年吃的饺子、端午节的粽子、元宵节的汤圆、平常百姓家常吃的包子，大多是重视内在的美味，外在可以用肉眼看得到的皮儿呢？都只是色彩单一的外皮而已。再看看西方饮食，如热狗、汉堡、披萨，还有生日蛋糕等。鲜明的色彩、新颖的造型，在你还没有入口之前，就已经被它的整体造型激发出不可抵挡的食欲。西方文化特点不仅是体现在饮食上，在工作中、在事业上也同样表现出这样的处事态度，重视内在的同时也强调外在。而在中国传统文化熏陶下的我们，从小就已深深感受到内在修养的重要性，而非常容易忽略外在的修养，还有部分女性甚至不屑于外在的保养与修饰。有句老话："酒好不怕巷子深。"现如今，市场竞争这么激烈，也会有很多的商家感叹："酒好也怕巷子深了。"

当你去一家梦寐以求的公司应聘的时候，推开门后 7 秒钟，就已经决定面试官是否对你有好感，是否愿意继续往下去交谈，因为在你开口之前，你的整体形象已在前 7 秒钟进入他的第一印象，想想看如果是个邋遢不堪、头发散乱、走路拖沓的人，谁愿意和你继续交流下去呢？说不定，你也属于高知识、高学历的这群人。可往往这群人常常和"英雄生不逢时"、"怀才不遇"等字眼有着牵连，有甚者年过四十还未找到适合自己的平台。因为每次面对新的主管，面对新的客户，还没等到你展现才干呢，那前 7 秒可能你就被 Pass 掉了。对方内心的声音会条件反射地说："NO！我公司需要的不是这样形象的人。"如果推开门进来的是一位衣着得体、搭配适宜、发型一丝不乱、笑容可掬、气质形象俱佳的人，首先就有几分好感，再继续交流了解。通过试用期间的深入接触，发现你不仅踏实能干，陪同主管一起与客户交流也大方得体，为公司增光添色。

在职场上，你的形象也代表着公司的形象，随着时间的推移，当你对本行业熟识度的增加，业务量也有增长，还有你本身就具备的才干的充分表现，你的事业自然是如鱼得水、自然通畅。所以，形象决定你的未来价值何止百万！

这本书的出版我历经无数个日日夜夜，白天企业授课，夜晚抓紧时间整理思路，时常写书稿至凌晨，而第二天照样强打精神站在面对几百人的演讲台上。心怀着一种责任及使命，历经 2 年时间，终于完成《形象决定未来》！希望这本书的出版，能为所有职场精英们提供一套完整的礼仪知识。让日常的工作规范，有理可依，有章可循！在此非常感谢所有为本书的出版发行默默做出贡献的工作人员们，也非常感谢好朋友们的鼎力支持！祝福大家！

余静

CONTENTS 目录

第 5 章

这就是你想要的完美发型

第 6 章

你今天的服装搭配对了吗?

第 7 章

你的气质决定成功与否——形体礼仪

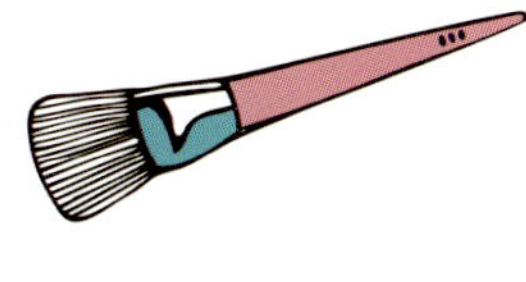

第 1 章

自我形象的正确定位

你了解自己多少？我们经常听到这样一句话说“最了解自己的人是我们自己。”在形象学上我要说：“那可不一定！”

生活中我们常常看到有些爱靓的女生们，踩着当季最流行却并不适合她们的高跟鞋；也常常会看到年过40的大姐们，穿一条前卫的超短裙，烫着并不属于她们这个年纪的爆炸式卷发；甚至还有人花费上万元买了一套并不适合她们的淡彩系高级套装，将她们的皮肤衬得又黑又粗糙，可往往这群朋友们还乐在其中，自我感觉超好。

在形象进行整体打造之前，你一定要对自己有一个深度的了解，整体风格属于哪些范围？皮肤属于哪种类型？适合的色彩有哪些？五官有哪些特征？应该运用哪些彩妆技巧调整？

各位爱美的职场精英们，你们找到了属于自己的色彩、风格、形象定位了吗？

那么，如何找准自己的形象定位，让自己魅力大变身呢？让我们一起参与形象特训营，来见证普通女生小美的时尚蜕变历程吧！

小美是个普通的都市女孩，从上小学到中学、大学都是一路顺风，其平凡朴实、五官端正、性格随和，令人羡慕的是她有着 1.70 米的好身材。在一个阳光和煦的下午她来到我的办公室，希望我帮她做个整体的形象诊断与定位，因为最近想应聘一个职业讲师的工作，希望发挥自己的形象、身高优势，在培训讲师这个平台上一展所长！

第一次见到她时，一身休闲打扮——休闲 T 恤、白色休闲裤、运动鞋、背部略显驼，了解了她的来意后，首先我们一起做了个全面诊断：

1. 五官端正
2. 身材高挑
3. 可塑性强
4. 气质单纯

1. 背部微驼，形体需训练
2. 眼皮内双，眼睛无神采，不懂化妆技巧
3. 自信度不高
4. 皮肤粗糙，不懂保养
5. 没有找到属于自己的色彩及风格
6. 服装搭配能力欠缺

在和小美仔细沟通之后，我们决定用 3 个月的时间帮她来个美丽、魅力大变身。

现在我们从

色彩与风格
美肤课堂
彩妆课堂
美发造型
服装搭配
形体礼仪 这六大方面来努力，你也和我们一起来改变吧！

希望大家尽可能学会用最专业的技能，在最短的时间内，快速改变自己的整体形象。从而拥有一把终身受益，助你打开成功之门的金钥匙。在某种程度上说——你的形象决定你的未来！

第2章

运用好色彩为形象加分

我们每一个人，从一个胚胎在妈妈肚子里孕育起，父母便将属于我们自己独有的DNA植入到我们的每一个细胞之中，将来我们会长多高，是高鼻梁还是矮鼻梁，眼球是灰白色还是偏棕色，是大脸型还是小脸型，肤色是偏黄还是偏白，身材是偏高还是偏矮，是大骨架还是小骨骼，其实很大程度上已经被我们的基因决定了，换而言之，我们属于哪种气质风格，属于哪种色彩季型，哪些款式是属于我们的，等等，这些美丽密码其实早已体现在我们身体特征之中了，如何解开这些属于我们的美丽密码呢？这正是我们现在要一起探讨和研究的话题。

色彩的运用，在我们的生活中无时不在。在我们与客户、与领导的初次见面中，前7秒钟就会决定对方是否接纳我们，或者说喜欢、欣赏我们，而在这7秒钟，首先闯入他们眼帘的是什么？——是色彩！把握好自己的色彩，找准属于自己的色彩，穿对服装的色彩是在职场社交中重要的第一环！每一位爱美的女士，在学习了解色彩课程之前，都会有自己主观的色彩倾向。当你问每位朋友："你喜欢什么颜色啊？"都会得到类似的回答："我喜欢红色！我挺喜欢穿红色的衣服！我每次穿红色的衣服，就感觉心情特别好！"。那么，喜欢的颜色就一定是适合自己的颜色吗？当然不一定！在逛商场的时候都有类似的经历，当每次购买一件新衣的时候，都是自我感觉良好，因为是自己喜欢的。可当第二天上班，同事们问"你今天脸色怎么这么黄啊，眼睛都黑了一圈，昨晚干嘛去了？"一句玩笑话，害得你一整天都不开心，之后这件新衣服，就变成了"让人欢喜，让人忧"的东西了！不言而喻，是衣服的颜色出了问题，你穿了颜色不适合自己的服装。那么，到底哪些颜色是适合我们的呢？让我们一起从基础的色彩来开始学习吧！

色彩的基本理论

1. 色彩的分类

生活中千变万化的颜色通常可分为无彩色系和有彩色系两大类。无彩色系是指白色、黑色和深浅不同的灰色，有彩色系则是色环谱上的各种颜色。

① 按色彩的构成分类

原色：红、黄、蓝是三原色。原色是指在颜色混合过程中，一般不能用其他任何颜色混合调制出来的最基本的颜色。又称“第一次色”。

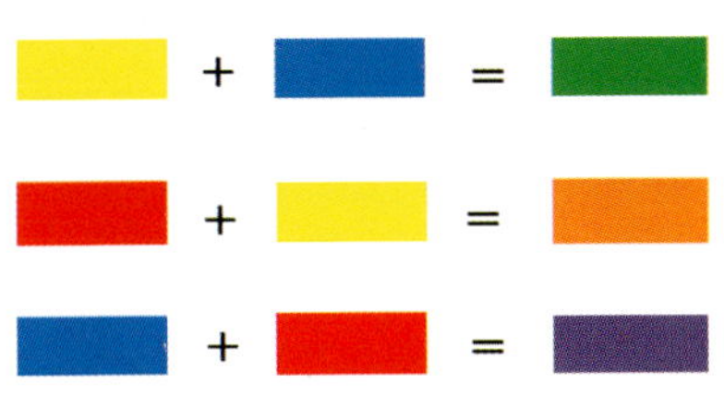

间色：由两种原色调配出来的颜色，又称“第二次色”。黄色与蓝色可调配成绿色，红色与黄色可调配成橙色，蓝色和红色可调配成紫色。橙、绿、紫是三间色。

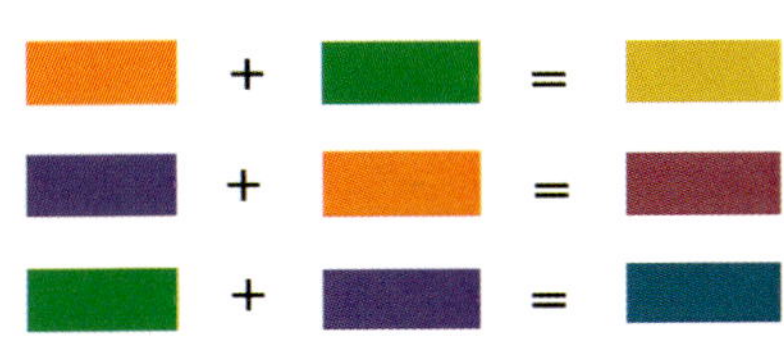

复色：又称“第三次色”，是由间色与间色或三原色调配出来的颜色。如绿紫色、橙绿色、橙紫色等。复色千变万化，是化妆常用的颜色。

② 按色彩之间的关系分类

同类色：色环上 15° 以内的色彩组合搭配，即在同一色相中，加入不同的黑或白后的颜色组合。如：色环图中 1 本身的变化。

类似色：色环上间隔 30° 的色彩组合搭配。如：色环图中的 2 和 24 是 1 的类似色。

邻近色：色环上间隔 50° 左右的色彩组合搭配，亦可界定划到 120° 以内的色彩。如色环图中的 3~8 和 18~23 是 1 的邻近色。

对比色：色环上间隔 120° ~180° （不含 180° ）的色彩组合搭配。如色环图中的 9~12 和 14~17 是 1 的对比色。

互补色：色环上直径两端相对的两色。如色环图中的 1 和 13。

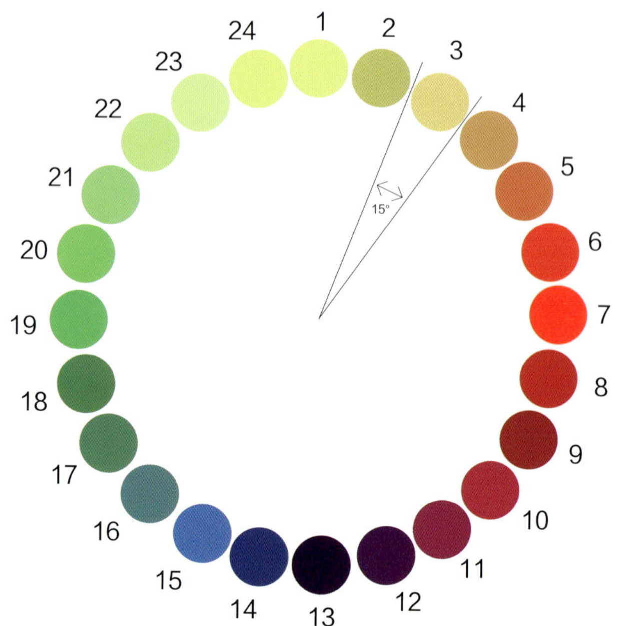

2. 色彩的基本要素

色相：色与色之间的差别所在，也是色彩的相貌特征。红、橙、黄、绿、蓝、紫是六种基本的色相。

明度：色彩的明亮程度，即色彩在明暗、深浅上的不同。

纯度：色彩的纯净程度，又称色彩的饱和度或纯粹度。

色性：色彩的冷暖属性，是指色彩给予人心理上的冷暖感觉。一般来说，冷色系的色彩多带有蓝色，而暖色系的色彩多带有黄色。

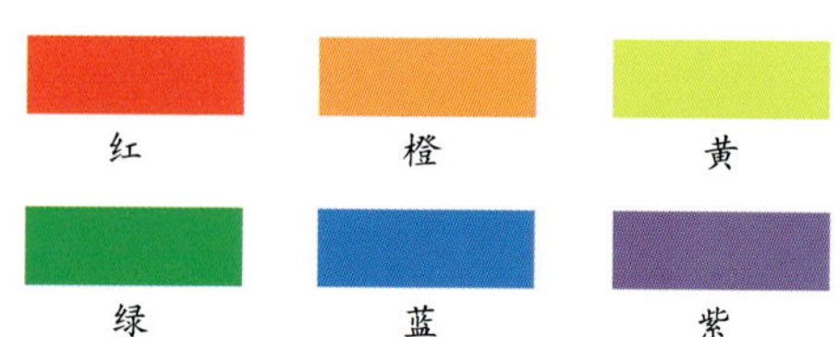

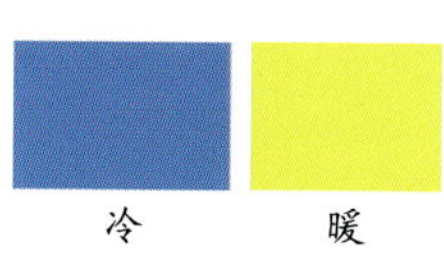

了解基础的“四季色彩理论”

“四季色彩理论”是如今职场追求时尚的人们非常热衷的话题，“四季色彩理论”是根据每个人所特有的遗传基因，人与生俱来的发色、眼珠色等人体色与色彩科学对应分析和分类，来判断每个人所特有的适宜色彩元素，找到和谐搭配的规律。美国色彩大师杰克逊女士用了近10年的时间，进行了4万多次的色彩测试与排序，终于发现并奠基了“四季色彩理论”，并迅速风靡欧美，后由佐藤泰子女士引入日本，发展成适合亚洲人的颜色体系。1998年，该体系引入中国。茫茫大千世界，用肉眼可以分辨出的颜色有750万~1000万种之多，到底哪一种、哪一类颜色才是真正属于自己的色彩体系呢？“四季色彩理论”是根据人体皮肤、眼睛、头发的自然色特征，结合色彩学的基本理论，找到属于自己的最佳颜色，在自己的服饰、化妆、造型等方面适合自己本身的先天特质，达到自然、和谐的最佳统一。人们只有学会正确选择与自己肤色特征相符合的颜色，才会最大限度地展现自己独有的个性魅力！如果选择的是与自己肤色特征不协调的颜色，不但不会显年轻，反而会更突出自己的缺点，显得比实际年龄更苍老。

色彩被科学地分成“春、夏、秋、冬”四组颜色群，人们身体色特征会与其中一组色群吻合，让我们一起来解开属于自己的色彩密码！

春季型

明亮、鲜艳、可爱的颜色群。

春天的季节，一片欣欣向荣的景象，嫩绿的小草从湿润的泥土中伸出了头，娇嫩的桃花、翠黄的迎春花在春风中花枝招展。处处洋溢着明亮、鲜艳的俏丽颜色，让人感受到扑面而来的春意。

你是春季型吗？

春季型的人一般皮肤白皙、有透明感、比较细腻。眼睛灵动，好像玻璃珠一样，充满着灵性，眼珠一般呈现棕色或棕黄色，眼白有湖蓝色的清澈。

发质柔软，发色呈现栗色或茶色、棕黄色。

春季型人的基础色彩特征：

春季型人适合暖色系。选择鲜艳、明亮的颜色，将会比实际年龄显得年轻。春季型人使用范围最广的颜色是黄色，选择红色时，以橙色、橘红为主。

春季型人选择颜色的要点：

颜色不能太旧、太暗。身体色特征与春季植物的新绿、嫩黄、暖粉的色调相吻合，适合以黄色为基调的各种明亮、鲜艳、轻快的颜色。使用颜色时，可采用对比色调，穿衣原则是一年中都穿颜色明亮、浅调有温暖感的衣服，大体可分为两种感觉：一种是发白发浅的淡色，一种是鲜艳明快的亮色。前者细腻、可爱；后者给人活泼、好动、年轻的感觉。应回避冷暗色调，避免穿着黑、深灰、藏蓝等深沉色调。

春季型人的职业装最佳用色：

可多选择春季色彩群中较稳重的色彩，如浅绿、棕金色、深橘色等，不能选择深蓝、黑色等较深沉、浓重的颜色。

春季型人的化妆最佳用色：

彩妆品尽量选择活跃、明亮的暖色系列，眼影可多用浅金棕、较轻快的黄色、绿色系列，慎用泛蓝色光泽的玫瑰色系列。腮红、口红适合金橘色、桃红色等。适合透明轻薄的妆面。

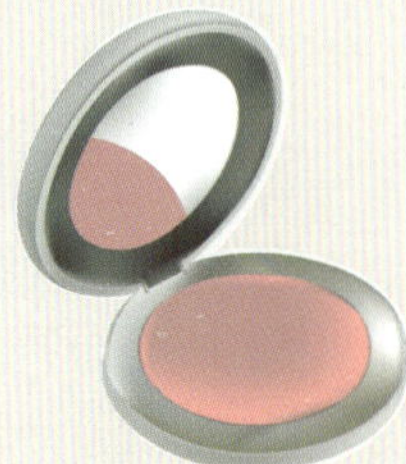

春季型人的饰品最佳用色：

帽子：可以与服饰的色彩相搭配、统一，可以是类似色调的调和，也可以与服饰形成强烈的色彩对比，如：深橘色、橙色形成统一感，春季型人帽子忌用黑色。

染发：春季型人适合染棕色、铜金色等暖色调的色彩。

眼镜：肤色较浅的人最好选择颜色较淡的镜框，如：柔和的粉色或金色；肤色较深的人应选择颜色较重的镜框，如：蓝色或红色系的镜框。镜片的颜色应与皮肤、眼睛的颜色相协调，镜框选择与眉毛相近的颜色。

鞋：不适合选用深蓝色、黑色的鞋，可选择棕色、米色、浅灰色，休闲场合可选择橙色、金色。

包：不适合选用黑色皮包，应选择米色、浅驼色、棕色等相对稳重的色彩，休闲场合可选用浅绿松石蓝、黄色、绿色系列。

首饰：春季型人适合佩戴黄金饰品，微黄的珍珠饰品及暖色系的水晶、翡翠、红宝石、黄宝石等，不适合银饰和白金饰品。

夏季型

柔和、淡雅、清爽的颜色群。

蔚蓝的大海，清新的云朵，在夏日的海风中交相呼应。碧绿淡雅的江南水乡，朦胧诗意的水彩画，大自然为夏季勾勒出恬静、安详、清新、淡雅的色彩。

你是夏季型吗？

夏季型的人肤色一般为米白色、乳白色、健康的小麦色。肤质比较轻薄，水粉色的红晕，浅玫瑰色的嘴唇、头发柔软，一般是浅黑色、灰黑色居多，部分人也会是柔和的深棕色。眼珠是灰黑色或深棕色，眼白一般是柔白色，给人以非常柔和、优雅的整体印象，温婉飘逸，容易亲近。

夏季型人的基础色彩特征：

适合穿着各种深浅不同的发白、发旧的蓝色和紫色，比如磨砂、水洗、砂洗等面料。最适合夏季型人体色的颜色是紫丁花色和夏日海水、天空的颜色，与夏季型人的肤色相融合，构成一幅柔和素雅、浓淡相宜的图画。为了不破坏夏季型人独有的亲切温和的感觉，在色彩搭配上最好回避强烈色彩反差对比，适合在同一色系里进行浓淡搭配，或者是蓝灰、蓝绿、蓝紫等相邻色系进行搭配，紫色是夏季型人的常用色。

夏季型人选择颜色的要点：

颜色要柔和、淡雅。适合柔和且不发黄的颜色。选择红色时，以玫瑰红色为主。选择黄色时，应选择稍微发蓝的浅黄色。夏季型人适合以蓝色为底调的轻柔淡雅的颜色，适合穿深浅不同的各种粉色、蓝色和紫色，以及朦胧、温柔的色调。夏季型的人不太适合藏蓝色。

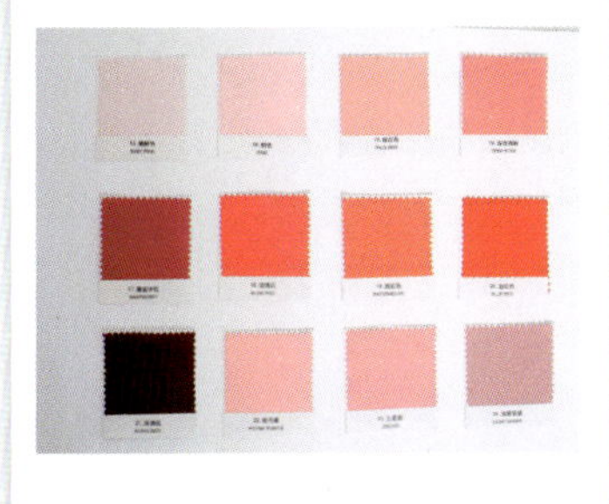

夏季型人的职业装最佳用色：

夏季型人不适合黑色职业装，可选择浅淡的蓝灰色、浅灰色、玫瑰棕。时尚类职业套装可选择乳白色、深酒红色。

夏季型人的化妆最佳用色：

彩妆品应多选择浅蓝、浅紫、浅粉色及清爽的冷色系列。眼影最好用和服装同一色系的颜色，口红和腮红适宜玫瑰红色系、淡粉色等。夏天型人最不适合的是棕色系列，整体妆容都以浅淡为佳。

夏季型人的饰品最佳用色：

帽子：可选择类似色的搭配或同类色的搭配，如：淡蓝色、蓝灰色之间的搭配产生渐变效果。

染发：适合染灰黑色、酒红色，应将发色调至冷色系，不适合棕色、板栗色。

眼镜：夏季型人肤色较白者，可选用银色或粉色系列的镜框，较深的肤色可选择蓝色系列或红色系列的镜框，镜框尽量选择与眉毛相近的颜色，镜片的颜色尽量与眼睛、皮肤的颜色相协调。

鞋：夏季型人适合乳白色、蓝灰色等色彩。休闲场合可选择明亮的紫色、银色、蓝色，不适合穿紫黑色的鞋。

包：皮包的颜色最好能够与衣服、鞋相呼应，选择温和淡雅的颜色，如：粉色、淡蓝色，乳白色、紫色等，休闲场合可选择紫罗兰色、天蓝色等明亮耀眼的色彩。

首饰：夏季型人适合佩戴银饰和白金饰品，白钻是最佳的选择，不适合佩戴黄金饰品。

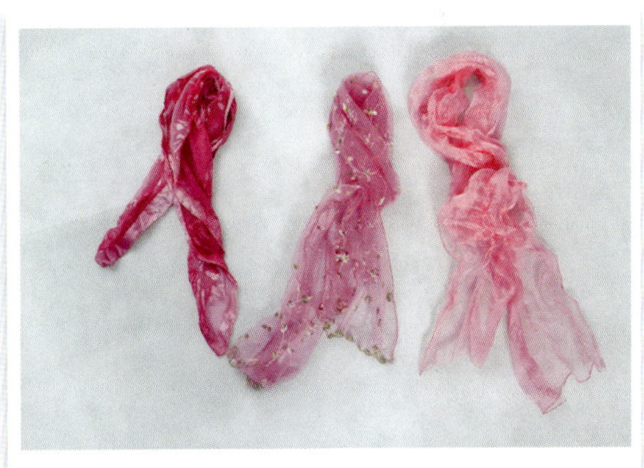

秋季型

高贵、浑厚、浓郁的色彩群。

金灿灿的稻穗，满山熟透了的浆果，遍地枯黄的落叶与山顶那一抹诗意的枫叶红，预示着秋季丰收的到来。一眼望去，整个视野都是沉甸甸的金色调，浑厚的泥土，远山的老绿，无不演绎出秋季色彩的成熟与厚重。

你是秋季型吗？

秋季型的人肤质厚重，有陶瓷般的皮肤，表现为不同明度的褐色、暗驼色、象牙色。脸颊不易出现红晕。眼珠一般呈现焦茶色、深棕色，眼白为象牙色，眼神沉稳、有深度。发色偏棕色、褐色、古铜色。给人成熟、稳重的直观感觉。

秋季型人的基础色彩特征：

秋季型人的色彩基调是暖色系中的沉稳色调。

秋季型人选择颜色的要点：

颜色要温暖、浓郁。体现秋季丰收、饱满的景象，同时也应体现落叶的枯黄、稻穗的沉甸甸等慢慢从鼎盛走向衰落的痕迹。棕色、金色和苔绿色是秋季型人的最佳代表色，浓郁而华丽的颜色可以衬托出秋季型人成熟高贵的气质及陶瓷般的皮肤。在服装的色彩搭配上，不太适合强烈的对比色，秋季型人最适合橙色、金色，苔绿色等深而华丽的颜色。选择红色时，一定要选择砖红色和与暗橘红相近的颜色。

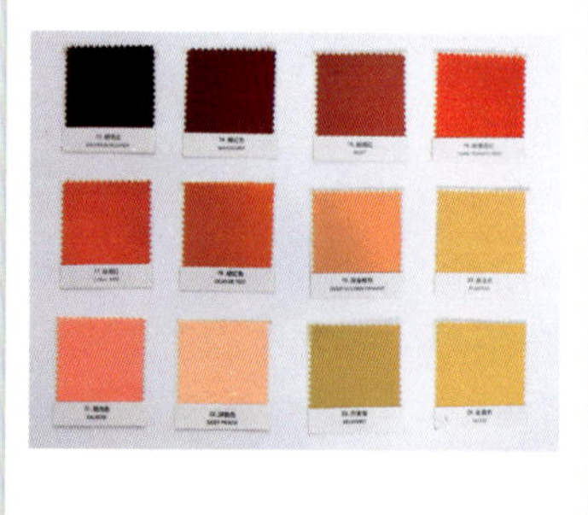

秋季型人的职业装最佳用色：

适合用深浅不同的棕色，不可选择深蓝色、黑色等太过沉闷、浓重的色彩，适合的颜色有橄榄绿、驼色、棕酒红等。

秋季型人的化妆最佳用色：

化妆时，粉底选用与肤色相同的颜色，突出皮肤的自然质感。眼影以咖啡色为基本色，也可配合衣服颜色使用苔绿色、泥金色、砖红色，会有独特的感觉。涂上棕红、砖红色系的口红、腮红，脸部会瞬间显得健康而有生气。

秋季型人的饰品最佳用色：

帽子：通常选择跟衣服同色相或同色调的颜色，如橄榄绿、浅绿属于同类色，橙红色与番茄红属于类似色，都是最佳的色彩搭配。

染发：秋季型人适合染深棕色、板栗色、棕黄色等暖调颜色，最好接近自己原来天然的发色。

眼镜 ：肤色较浅的人可以选择浅淡一些的金色或浅绿色的镜框，肤色较深的人可以选择铁锈红或棕色系列，镜框尽量选择与眉毛相近的颜色，镜片颜色选择橄榄绿、棕色等。

鞋：秋季型人的鞋可选用浓重的棕色、灰绿色，不适合黑色的鞋子。

包：秋季型人的包可选择暖米色、棕色系列等浓郁温暖的色彩，休闲场合可选用铁锈红、苔绿色等，秋季型人不适合黑色的包。

首饰：秋季型人适合佩戴木质饰品和黄金饰品，慎用银质饰品和铂金饰品，应以浓郁的金色系与大自然的色调为主，如：铜色、琥珀、木质的首饰等，微黄的珍珠饰品也是不错的选择。

冬季型

惊艳、热烈、纯正的色彩群。

火树银花，白雪皑皑，在漫天飞雪中，掩不住新春的愉悦。镂空的窗花，红红的灯笼，震耳欲聋的鞭炮，打破了冬日的寂静。绿绿的圣诞树上挂满了红色、黄色、蓝色的圣诞礼物，纯正的色彩将冬季的冷艳表现得淋漓尽致。

你是冬季型吗？

冬季型的人皮肤一般为青白色或偏白的黄褐色。眼珠呈现深黑色或深茶色，眼白为冷白色，眼睛黑白分明，眼神犀利。脸颊不易出现红晕。发色多为深黑色，黑褐色，发质粗硬有力。

冬季型人的基础色彩特征：

冬季型人适合纯正、鲜艳、有光泽感的颜色，除了适合黑、白、灰三种无彩色的颜色外，其他均为红、黄、蓝、绿、紫等原始的色彩，以强烈对比搭配来体现冷峻惊艳的魅力。

冬季型人选择颜色的要点：

冬季型人最适合纯色，在各国国旗上使用的颜色，都是冬季型人最适合的色彩。色彩中的三原色都存在于冬季色彩中，选择红色时，可选正红、酒红和纯正的玫瑰红。要避免浑浊、发旧的中间色。藏蓝色是冬季型人的专属色，适合作套装、毛衣、衬衫、大衣的用色。黑色是冬季型人裤装的专属色，同时可与鲜艳明亮的颜色搭配。

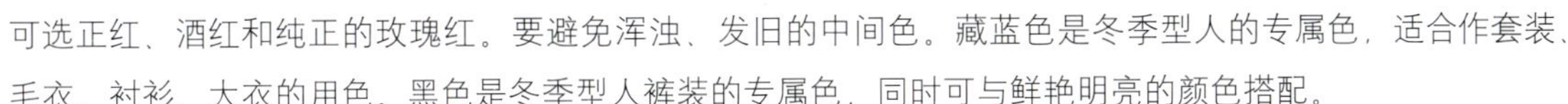

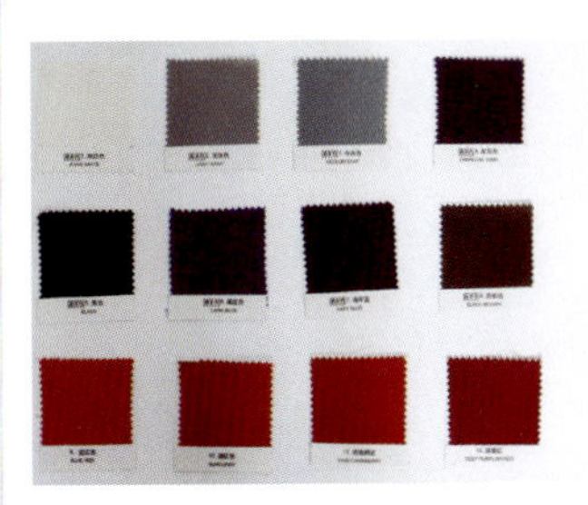

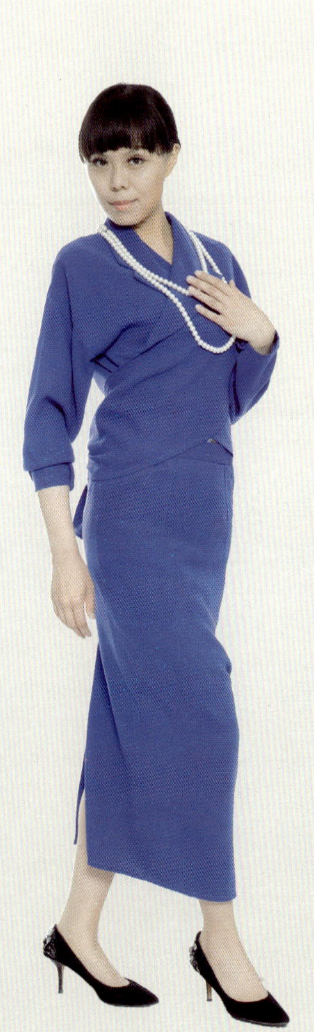

冬季型人的职业装最佳用色：

适合用蓝色、灰色系列，可多选择较稳重的颜色，比如黑色、纯白色、藏蓝色等，同时可以与浅淡亮丽的颜色相搭配，如：柠檬黄、玫瑰粉等。

冬季型人的化妆最佳用色：

可多选用明亮、鲜艳、光泽感好的化妆色。眼影采用蓝灰色、银色系列。可在眼影、口红上加荧光以体现时尚感。口红可选用正红色，腮红可用深玫瑰红、深酒红系列。忌用咖啡色眼影和黯淡口红，那样会失去冷艳的魅力。

冬季型人的饰品最佳用色：

帽子：最好与服装相协调，选择纯正鲜艳的色彩可以与服饰形成强烈的对比，如：正红与正绿的搭配，时尚、注目有较强的视觉冲击力，也可以采用类似色调的搭配，如：深紫色与紫罗兰色等。

染发：冬季型人适合染纯黑色、黑棕色、深酒红色等颜色，最好接近原来天然发色，不要刻意去标新立异。

眼镜：肤色稍白者，可以选择银色系列的镜框，肤色较深者，尽量选择炭灰色和黑色的镜框，尽量与头发的颜色和明度相协调，镜片的颜色则要与皮肤、眼睛的颜色相协调，如：蓝色、粉色、灰色等。

鞋：最适合黑色皮鞋，还可选用白色、蓝色、黑色、红色等明亮鲜艳的色彩，体现冬季型人犀利、冷艳的气质。

包：冬季型的人包可选择红色、黑色、蓝色等，休闲场合可选择银色、白色、松石蓝等，尽量选择纯正艳丽的色彩，与鞋、服饰相配合。

首饰：冬季型人适合佩戴铂金、亮银饰品，最佳选择是钻石饰品，绝不适合黄金类饰品，还可选择鲜艳纯正的各类宝石或纯黑、纯白色的珍珠，蓝、红宝石也是配饰首选。

“四季色彩理论”是每一位职场人士服饰色彩的导航仪，有效、准确地解决了人们在衣着、饰品、彩妆、整体形象用色方面的一切难题。如果我们了解并掌握了属于自己的色彩密码，不仅能把自己独有的品味和魅力最完美、最自然地显现出来，还能因为知晓服饰间的色彩关系而节省装扮时间。你会在每一个重要的场合，在形象上轻松驾驭色彩，自信而正确地展现最有魅力的自己！

风格类型的分析

“风格”是爱美的女性们并不陌生的一个词，但到底什么是风格？却是个模糊的概念。画家有画家绘画的风格，建筑设计师有其建筑的风格，影星有自己独特的表演风格，歌星有自己个性的演唱风格，这里，将要说的是我们与生俱来的整体服饰的风格。爱时尚的女性们经常会为这样一些问题所困扰：“我是适合直发还是卷发呢？”“我是适合戴大耳环还是适合耳钉呢？”“我是适合穿圆领还是尖领呢？”“我适合穿什么款式的皮鞋呢？”归根到底，要解决的就是一个问题：我到底适合什么？不适合什么？风格是一种无处不在、如影随行的东西，让我们一起来解读不同风格类型的特征。

自然型

风格特征：面部五官轮廓呈现直线感，身材偏高，有运动感，走路潇洒，性格亲切自然、开朗随和，非常有亲和力，如邻家女孩的感觉。

形象装扮要点：棉、麻面料是首选，适合宽松的剪裁及有休闲感的服饰，不适合穿包体、过分显露体形的款式。避免穿华丽、时尚、多彩的服饰，户外活动时，运动装、便鞋、T恤衫、短裤都是适宜的装扮方式。适合中低跟、坡跟及鹿皮材质的鞋。服装色彩以自然、柔和为宜。

适合的服装款型：宽松的直筒裤、直筒裙、运动装、民族服装、明线明兜的服饰、牛仔裤、针织衫、A字裙、半袖衫等。

职场装扮贴士：在职场选择正装时，可以选择直线裁剪的简洁款式，避免板正严谨的或太过于休闲的款式。发型可以直发为主，或多层次碎发、似有似无的松散卷发、随意的披肩发或马尾等。妆容以淡妆为佳，重点强调粉底的自然色泽，唇部自然光泽，睫毛可卷翘，但不可太过于夸张。

代表人物：刘若英、吕丽萍

优雅型

风格特征：五官精致，面部线条柔美，身材圆润，温柔恬静，身材适中，轻盈优雅，性格温柔、内敛，女人味十足。

形象装扮要点：适合偏曲线感的服饰，剪裁应得体，适合用柔和的曲线强调其温柔感，不要强化胸、腰、臀部，而应多展现性感的关节点，如手腕、肩、锁骨、脚踝等细节部位。可穿中低跟、鞋面装饰纤巧、圆润式鞋头的皮鞋。

适合的服装款型：碎花衬衣、鱼尾裙、皱褶裙、羊绒开衫、连衣裙、一步裙及带有蕾丝、灯笼袖、飘带、荷叶边设计的服装等。

职场装扮贴士：适宜穿软质感的职业装，可用花边装饰的衬衣或女性感强的饰品搭配。饰品可选择精致上品的金银、水晶、珍珠等。适合柔和的微卷发、盘发。妆容不宜过浓，强调眉毛，弱化眼线，淡化眉峰，唇色淡雅有光泽。

代表人物：林志玲、赵雅芝

古典型

风格特征：五官端庄、精致，呈直线感，面容高贵，身材适中，个性严谨、知性、传统、一丝不苟，具有成熟高雅的都市女性味道，给人距离感。

形象装扮要点：适合做工精致的毛料、真丝等高档面料。在休闲场合中应注意选择带领的T恤衫、衬衣或外套。裙装比裤装更适合古典型女性。服装的装饰要少，剪裁上不强调曲线，可强调腰线，领口不能太低。可穿半高跟、经典的浅口皮鞋，鞋面的装饰也以尽量少为宜，少穿平底鞋。

适合的服装款型：风衣、大衣、直板裤、职业装、旗袍、毛开衫、一步裙，及标准V领、方领、一字领的服装等。

职场装扮贴士：适合做工精致、剪裁得体的标准职业套装。可多用传统的金银、玉饰、珍珠、钻石等。眼镜可选择金银细边或无边镜框。可佩戴真皮腰带、表带等。发型适合修剪得整洁干练的直发、卷发，显示出一丝不苟、严谨的风格。化妆用色以柔和的色彩为主，注意整体效果，不要过分突出某一部位，整个妆面精致、典雅。

代表人物：杨澜、敬一丹

戏剧型

风格特征：面部线条清晰，五官夸张、立体感强，身材骨感、高大，看起来比较显高，超出实际身高。个性成熟、夸张大气，醒目、存在感强，气场十足。

形象装扮要点：适合各种皮革、丝绒、闪光面料。适合强调领部、腰部的造型，多选择宽大的外套，也适合包体、显示体形的服装，剪裁方式可以斜裁、配垫肩，也可选择花边、流苏、褶皱等女性化的装饰。适合饱和、夸张、艳丽的色彩，也可充分运用黑、白、灰无彩色的搭配。几何类、抽象型、夸张的图案都可尝试运用。

适合的服装款型：风衣、大衣、皮草、宽的翻边裤、大脚裤、大西装领服装、扇袖服装、紧身牛仔裤等。

职场装扮贴士：适合大气、夸张的职业装，略带时尚感、剪裁得体的套装。长发、短发、直发、卷发都可以尝试。适合大波浪、超高夸张的发型，盘发发髻要大，不适合紧贴头皮的发型。可用稍大而醒目的或有光感的饰品，如多层项链等。化妆用色可以较浓郁、鲜明，强调立体感，突出五官轮廓。

代表人物：毛阿敏、蔡琴、宁静

浪漫型

风格特征：五官曲线感强，脸部轮廓圆润，身材丰满，眼神妩媚，女人味十足，给人华丽、妩媚、多情的感觉。

形象装扮要点：适合亮光丝绸、蕾丝、羊绒等面料。剪裁上强调身材曲线，适合包身合体，强调胸、腰、臀等显示身材的服装，适合有弧线的领、袖，适合在细节部位上多点缀一些飘带、蕾丝等增加女性魅力的装饰。飘逸、线条流畅的长裙，宽松、垂感较好的长裤都是不错的选择。可多用较强的对比配色，金银色、粉色等。可多穿细高跟鞋，鞋面上可有一些珍珠、亮片、刺绣装饰。

适合的服装款型：吊带衫、大摆裙、鱼尾裙、皮草、华丽的晚礼服、有花边或褶皱设计的服装、有飘带点缀的服装等。

职场装扮贴士：适合裁剪精致的修体合身的套装，大波浪卷发，发型有弹力、空间感为最佳，化妆用色不要过于浓郁、艳丽，可多强调睫毛、嘴唇、眼周。适合佩戴宝石、钻石、水晶，饰品倾向于复杂华贵、曲线设计。

代表人物：舒淇、玛丽莲·梦露

前卫型

风格特征：五官精致，脸部线条清晰，小脸型，身材骨感，整体骨骼偏小，性格好动活泼，叛逆，观念超前，拒绝平庸，喜欢独树一帜，个性时尚。

形象装扮要点：装扮紧紧跟随潮流，包体、宽松都可，适合有个性的抽象类、方格、几何图案及亮光面料、鳄鱼皮、有亮片装饰的布料等。可运用无彩色的对比、高纯度的色彩，尤其是黑色的服饰，最能体现前卫型的与众不同。高中低跟鞋都可尝试，尖头、圆头、方头的款式均可，选择面较广，单色鳄鱼皮面、豹纹皮鞋或者有流苏、铆钉装饰的鞋子都可。在发型上应注重时尚感，超短发、板寸发型、流行的烫发等均可。适合反传统的、怪异的、造型独特的饰品。

适合的服装款型：超短裙、牛仔服装、皮服、露背装、露脐装、超短上衣、紧腿裤、靴裤或不对称型裁剪服装等。

职场装扮贴士：前卫型女性在选择职业装时，应突显款式新颖、干练洒脱的特性。化妆可选择个性化的颜色，重点是眼部眼影的修饰。

代表人物：王菲、李玟、莫文蔚

少女型

风格特征：面部偏小，圆润稚气，五官可爱，身材小巧，有偏胖者但圆润稚气，性格开朗活泼，看起来比实际年龄小。

形象装扮要点：弱化身材曲线，服装合体或稍微宽松都可。在细节部位可装饰花边、褶皱、飘带、蝴蝶结等。适合细灯芯绒、棉麻、柔软的毛织品及纯天然亚光的面料。服装裁剪不需强调胸部、腰部、臀部。多运用柔和、浅淡的色彩。可穿中低跟、浅口、圆润型的鞋子。

适合的服装款型：背带裙、背带裤、公主裙、连衣裙、七分裤、灯笼袖上衣、圆领装、小披肩、百褶裙等。

职场装扮贴士：适合短款的职业套装，可以搭配一些蕾丝、小蝴蝶结等。在发型上可选择清纯活力的直发、马尾或可爱的小卷发、编发等。适合生活淡妆，强调睫毛，眼影色可用较浅、较明亮的颜色，唇部自然湿润，有光泽感。

代表人物：林心如、徐熙媛

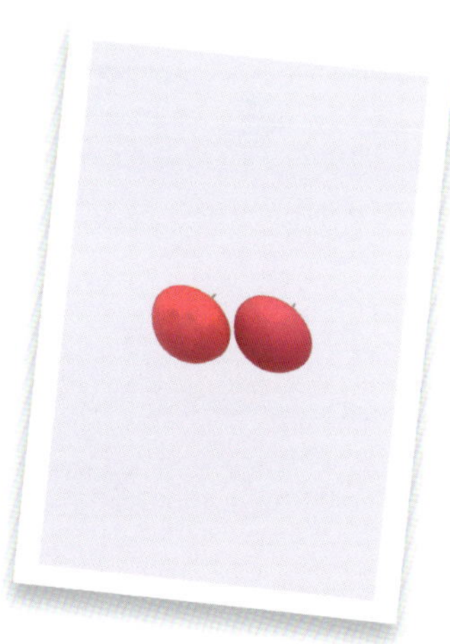

少年型

风格特征：脸部五官轮廓分明、直线感强、有力度，整体身材干练、帅气，性格爽朗、洒脱、中性化，活泼好动，常被冠以“假小子”的称谓。比实际年龄看起来年轻。

形象装扮要点：适合棉麻、牛仔、灯芯绒、皮革等服装面料。剪裁应得体，弱化身材的曲线，增加明兜明线，多拉链，肩章，贴袋等元素。不需强调胸部、臀部，但适合收腰的款式。适合短发，可扎马尾辫，长发以直发为主，烫发以直线烫发为主。皮鞋以中跟为宜，适合系鞋带、鞋头方正的款式，特别适合各类平底靴。

适合的服装款型：T恤衫、背带裤、夹克、背心、牛仔装、鸭舌帽、直板裤、靴裤等。

职场装扮贴士：在职场上，可多选择立领多扣式套装，突出帅气、干练的特征。可选择鲜明、有韵律感的色彩，同时配合无彩色的搭配。适合生活淡妆，弱化眼影，可用无彩色。唇部有光泽即可，强调眉毛和眼睫毛。

代表人物：梁咏琪、李宇春

不同职业类型的分析与正确的形象定位

企业或公司负责人：作为公司总裁或部门领导人，在整体形象上要表现出果断、力量、决策的一面，在职业场合应以套装、正式装为主，色彩可偏深色，如：藏青、深蓝、黑灰等，表现出力量感和安全感，再配以鲜艳的丝巾饰品，耳环可用耳钉式，不可用垂吊式、异形式耳环。全身整体搭配饰品不可多于3个。

专业技术类：包括教师、律师、专业技术科研人员等，以正装为主，因其职业特色，应多体现出职业的权威感，在职场上杜绝休闲类装扮，绝不可穿短裤、奇装异服或佩戴夸张饰品，发型的设计风格也应与职业相匹配，保持自然本色。

文体、艺术类：与艺术行业相通的职场佳人，在整体的形象上可多体现出独特、个性、时尚的着装风格，依照其职业特色，可以尝试夸张的款式，造型、发型也独树一帜，饰品的佩戴体现多元化、个性化。在整体风格上追求新、奇、特，但绝不是薄、透、露，这是我们需要把握的原则。

市场营销类：这类朋友直接与客户打交道较多，在整体形象上需强调亲和性，能为大众所接受，尽量做到大方得体、亲切自然。一般都以正规职业装为主，体现出职业性、服务性。在饰品的佩戴上也应点到即止，不应过于奢华、夸张，或与身份不相匹配。耳环也应以扣式为主，不能佩戴太过于炫耀女性魅力的饰物。发型简洁、自然，不要太过于时尚、怪异。在色彩的运用上，可选用明亮、中性的色彩，给人以愉悦感。

在小美的色彩与风格款型诊断中，得出结果：小美是个春季型、前卫风格的女生，她未来的目标是成为一名职业培训师。由此，得出建议方案。

1. 协助小美找出与她同样色彩、风格的明星，并收集明星各方面资料，找到榜样。

2. 了解职业讲师、培训师这一领域的工作特性，深入研究哪些服饰是适合这一职业形象的。

3. 帮助整理小美家的衣橱，将服装按色彩、风格款式分类，协助小美找出符合自己风格特征的衣服、鞋、包、饰品，并现场帮他搭配出几套适合她的全套服饰，不适合的单独挑出取走。

4. 鼓励小美开始逐步尝试、学习简单的搭配。

1

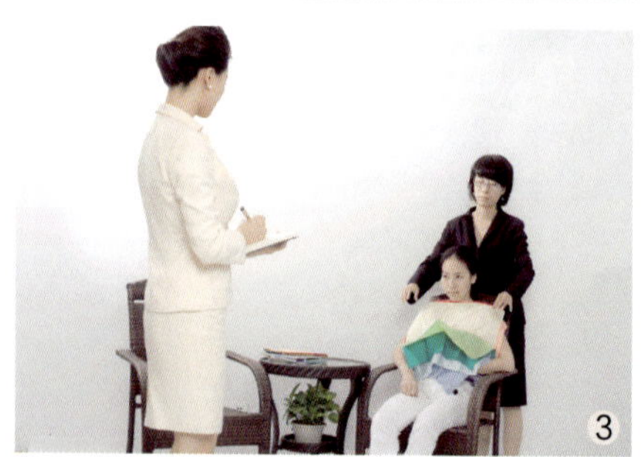
3

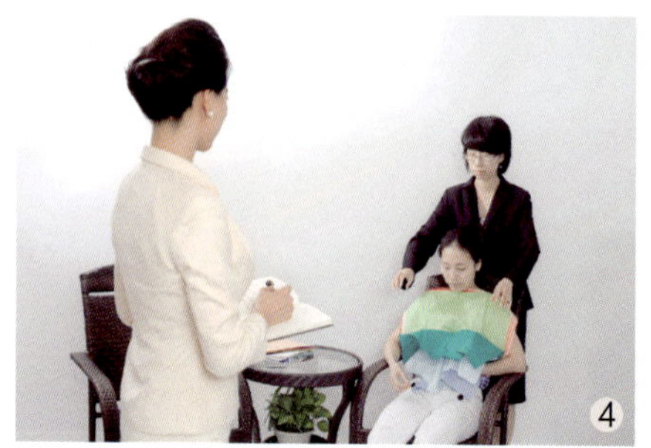
4

2

第3章

净美人的护肤课堂

要具备良好的整体形象，皮肤的保养是基础，只有光泽、亮丽的皮肤，才是一切美丽的源泉！试想，如果是满脸的青春痘或是蝴蝶斑，穿再美的、再炫丽的衣服，也会逊色许多。

你了解自己的皮肤吗？当细纹毫不留情地爬上了我们的眼角，当斑点无声无息占据了我们曾经无瑕的脸庞，在不知不觉中，我们已经从孩童期到青春期，从青春期再到如今的成熟期，在以前透亮白皙光滑的脸上，也慢慢开始出现痘痕、皱纹、斑点等各种皮肤问题。俗话说："知之才能爱之"，在不同的年龄阶段，我们如何才能科学、正确地保养皮肤呢？让我们一起来揭秘皮肤健康的法宝吧！

皮肤的概念

皮肤是人体最大的器官，也是最早形成的器官，当母体怀孕一周以后，胎儿的皮肤就已形成，因而也是老化最快的器官。皮肤老化也代表人体的五脏六腑正在逐渐衰退，皮肤是人体健康的一面镜子，反映着人体的健康状况。

小贴士

成年人皮肤面积： 1.5～2.0 m^2

厚度： 0.5~4.0mm

质量： 占体重的 5%~16%

皮肤的生理功能

皮肤覆盖全身，它能保护体内各种组织和器官，以免受到物理性、机械性、化学性和病原微生物的侵袭。皮肤的屏障作用表现在：一方面防止体内水分、电解质和其他营养物质的流失；另一方面阻止外界有害物质的侵入。保持着人体内环境的稳定，在生理上起着重要的保护作用，同时皮肤也参与人体的代谢过程。

小贴士

脸上出现痤疮时，切忌用手抓、挤，这样易引发皮肤感染。一般如果只感染到表皮层，不会留疤痕；若感染到了真皮层，则可能留疤痕。爱美的女性记住千万不能破坏皮肤的外在屏障。

皮肤类型的特征及护肤锦囊

根据年龄、性别、季节以及皮肤的状况，我们将皮肤类型大致分为五种：干性皮肤、油性皮肤、中性皮肤、混合性皮肤、敏感性皮肤。

1. 干性皮肤：缺乏油脂和水分的皮肤

干性皮肤最显著的特征是：皮肤细腻、较薄、干燥，皮脂分泌少而均匀，缺少光泽弹性。干性皮肤对外界的刺激较为敏感，干性皮肤不易起黑头，由于缺乏滋润，容易衰老出现皱纹。但是，干性皮肤看起来显得比较细腻，毛孔不明显，无油腻感，给人以干净、美观的感觉。干性皮肤只要正确保养，也可弥补本身的不足，造就出美丽的皮肤。

干性皮肤又分为缺油性干性皮肤及缺水性干性皮肤：

缺油性干性皮肤的保养技巧

缺乏油脂的干性皮肤，切忌用肥皂洗脸，因为肥皂碱性大，会损伤皮肤。应选用弱酸性的洗面奶，洗脸水的温度约为30℃，洗脸后应擦拭含油分较多的护肤品；外出时尽量避免暴晒，要使用防晒霜；洗脸后，先用紧肤水柔软皮肤，紧肤水不能含酒精，以免使皮肤粗糙，然后外用面霜。这类皮肤的女性因为皮脂腺分泌皮质较少，皮肤不能及时、充分地锁住水分而显得干燥，皮肤缺乏光泽，对外界刺激较为敏感。缺油性干性皮肤的女性需注意，选择护肤品时不能只考虑补水，还要考虑补充油脂。因为这类皮肤的皮脂腺先天不足，不能分泌足够的皮肤所需的油脂，皮肤没有锁水能力，只单纯补水，补得快，蒸发得也快，只能形成“越补越干”的恶性循环。

缺水性干性皮肤的保养技巧

缺乏水分的干燥皮肤，虽然皮肤有足够的皮脂，但仍显得干燥，易起皮屑，皮肤缺少水分易起皱纹。了解自己皮肤干燥的原因后，应加以改善，多补充优质蛋白、维生素E、维生素A、B族维生素。这类皮肤的女性有些根本不知道自己属于干性皮肤，因为她们的皮脂腺没有问题，只是由于护理不当或其他原因造成皮肤极度缺水。

皮肤内部水分与皮脂失去平衡，导致皮肤反馈性地刺激皮脂腺分泌增加，造成一种“外油内干”的局面。很多女性看到自己满脸油光就盲目控油。其实，缺水性干性皮肤最忌讳用强性控油产品和吸油纸。因为这两样东西只能暂时去油，脸上没有了油脂的保护，皮脂腺又开始疯狂工作，不一会儿，油光重现。只要给皮肤补充水分，当皮肤不缺水时，油光自然也就消失了。

2. 油性皮肤：皮脂分泌量比正常皮肤高，这类皮肤称为油性皮肤

油性皮肤最显著的特征是：皮肤较厚，不平滑、粗糙，有油腻感，有黑头，皮脂分泌旺盛，多数人肤色偏深，毛孔粗大，甚至可能出现橘皮样外观，很容易黏附灰尘和污物，引起皮肤的感染与痤疮等。但是，油性皮肤 经得起刺激，不易出现衰老现象。对物理性、化学性及光线等刺激因素的耐受性强，不容易产生过敏反应。只要注意科学护养，将会给人以健康、自然的面容。

油性皮肤的保养技巧

油性皮肤的人，每天洗脸 2~3 次即可，早晚最好用微酸性的洗面奶或碱性较弱的蜂蜜香皂洗脸，可用清爽的紧肤水收敛毛孔，防止粉刺形成，不可擦油性化妆品或容易阻塞毛孔的粉剂化妆品，以保持皮肤的正常排泄通畅。化妆也不宜太浓，以免“妆粉”在阳光暴晒下渗入皮肤，留下斑痕。在饮食方面更要注意，应以清淡为宜，多吃蔬菜、水果，多喝水，少吃油腻食物和刺激性食品，不喝浓咖啡或过量的酒，多补充 B 族维生素、维生素 C、纤维素等，保持大便通畅，以改善皮肤的油腻粗糙感。

3. 中性皮肤：是最理想的皮肤状态

中性皮肤最显著的特征是水分和皮脂分泌适中，多见于青春发育期前的少女，对外界刺激不太敏感，光滑、细嫩，皮肤结实，肤质柔软、有光泽，皮肤红润细腻，富有弹性，厚薄适中，皮肤纹理不粗不细，毛孔较小，皮肤的 pH 值为 5 ~ 5.6，属健康皮肤。但中性皮肤会随年龄、气候、身体状况、饮食等因素而改变，所以，仍须做好皮肤的保养工作。

中性皮肤的保养技巧

每天使用洗面奶正常洗脸即可，为了达到油脂及水分平衡．没有紧绷感，洗完脸后还是需要使用化妆水，以达到再次清洁的效果。化妆水选择滋润型或正常皮肤专用的化妆水即可。中性皮肤可能因季节变换而呈现不同的肤质特征。因此，应根据季节选择适宜的保养品。冬天应多重视保湿，而夏天则偏重抑制油脂的分泌。

4. 混合性皮肤

混合性皮肤最显著的特征是：在脸部的不同区域，肤质呈现较大差异性，最常见的是T区部位（额头、眉毛及鼻子周围）呈现油性肤质，毛孔较粗大，油脂分泌多，易长痘痘，而面部其他部位呈现中性或干性肤质，特别是两颊、眼周、嘴角部位毛孔较小，较干燥，容易出现皱纹；或者反之，T区部位较干，两颊、眼周、嘴角较油。以上都属混合性皮肤的范畴。

混合性皮肤的保养技巧

需针对不同部位，使用两种不同的护肤品。如果属于T区部位油，两颊、眼周、嘴角较干的情况，则将有爽肤控油作用的护肤品轻拍在T区附近，将保湿滋润的柔肤水用棉片抹在较为干燥的两颊。相反的情况则反之。在干燥的季节里，整个脸部都要使用保湿乳液，尤其是两颊部位，可以着重涂抹。然后再用纸巾擦去油性部位多余的乳液。

5. 敏感性皮肤

敏感性皮肤最显著的特征是：皮肤表皮薄，细腻白皙，微血管明显，皮肤干燥缺乏油脂和水分，表面皮脂分泌少，角质层保持水分的能力较低，面颊和鼻旁的皮肤细紧而薄，有扩张毛细血管，对冷热极为敏感，如果选用不合适的化妆品，极易出现过敏红斑、水疱和瘙痒。

敏感性皮肤的保养技巧

敏感性皮肤，一般情况下尽量少用成分原料复杂的护肤品，可选择弱酸性洗面奶，洗脸水温度在30℃，洗脸后用无刺激性的护肤品或橄榄油以及含高级脂肪原料的护肤品，尽量避免含香精及含荧光增白剂的防晒霜。

皮肤的自我检测方法

方法一

怎样鉴别自己皮肤的基本性质呢？

简单的判断方法是以洗脸后30分钟为标准时间，检测自己皮肤紧绷感时间的长短。一般洗脸后皮肤紧绷感在30分钟左右消失的，是中性皮肤；20分钟内紧绷感消失的，为油性皮肤；40分钟以上紧绷感消失的则属于干性皮肤了。青春期女性根据自己皮肤的性质和特征来选择与其适应的化妆品进行保养，才有利于皮肤的健康与美丽。

方法二

自我测试皮肤基本类型

	毛孔	油光	皱纹	斑点	痘
干性皮肤	细小	较少	较多	较多	无
油性皮肤	粗大	较多	较少	较少	多
中性皮肤	细腻	适中	适中	无	无

影响皮肤的因素

1. 不可控制的因素——五大要点

皮肤自然老化

随着时间的推移，我们的皮肤都会经历孩提时代的萌发期，青春时代的旺盛期和成熟女性的衰退期三大阶段。回想曾经在孩提时代，如瓷器娃娃般的皮肤，到如今眼角的丝丝皱纹，不由让你感叹时光催人老。人类的自然生理规律，想必是我们皮肤衰老最不可抵御的大敌，也是生活中爱美的女性最无法去掌控的因素之一。

环境污染

在当下，现代文明如此发达的今天，空气污染、食品污染、环境污染等各种形态各异的污染，已随处可见，时刻伴随在我们身边。而其中空气是我们最无法掌控和驾驭的，空气的污染极易造成对皮肤的伤害和有害物质残留，诸如汽车尾气、有害气体等无处不在，重金属及各种有毒有害的物质充盈在我们的空气当中，使很多爱靓的女性深受其害，导致皮肤发黄、长斑、肤色暗沉等。因而，每天皮肤保养过程中的卸妆、洁面这一环节非常重要。

极端的温度

温度的急速波动，对我们的皮肤也有着极大的伤害，在高原地区或是早晚温差大的城市是很难有好皮肤的，试想北方凛冽的寒风，吹口气都可以结冰的温度，如何能养出好皮肤？而一年四季如春的江南，适宜的气温再加上山清水秀的自然环境，往往孕育出的俏佳人，皮肤一般都可以用“水灵灵的”来形容，历史上有典故可查的绝色美女，大多来自于此。

湿度

在公司漂亮的办公大楼里，一年四季都是空调，温度也可以形容成“四季如春”。但人工的毕竟赶不上纯天然的，随之而来的干燥空气对我们皮肤的伤害也是毋庸置疑的！而极端潮湿的空气，对皮肤而言，也是滋生细菌的温床，所以哪怕是下雨天气，也应保持正常的卸妆、洁面程序。

紫外线

紫外线是导致皮肤老化和严重损害的最大因素之一。

它会使皮肤表层较浅的黑色素变深、变浓，使得皮肤在短期内变黑；还可穿透真皮引起光老化，从而导致皮肤粗糙、色素沉着、毛细血管扩张；光线加剧还可能引起光线性皮肤病，严重的还可引起皮肤癌。

要想皮肤不受损害，防晒很重要。建议大家在日间外出时戴上太阳帽、擦拭防晒霜、打遮阳伞等。

小贴士

如何正确选择防晒护肤品？

夏季对抗紫外线的首选自然是防晒产品。现在市面上的防晒产品分为：防晒霜、防晒露、防晒乳和防晒喷雾。但是选择防晒产品也是有诀窍的。

油性皮肤：由于油性皮肤在夏季的出油率较高，所以选择防晒产品的时候要以清爽型为主，SPF 值不能太高，最好选择 SPF20 左右的产品，否则皮肤会有负担感。

混合性皮肤：混合型皮肤最大的特点就是 T 区油腻，两颊干涩。所以在选择防晒产品上可以在 T 区和脸颊选用两款针对性的产品。

干性皮肤：干性皮肤的女性在夏天的时候更需要做好皮肤的保湿工作，所以应该选择油脂度相对高一些的防晒霜，以保持皮肤的水油平衡。

注意在脸部防晒的同时，身体的防晒也是必不可缺的，否则容易出现脸白脖子黑的尴尬情况。而且大家晚上也一定要卸妆，这样才能保证皮肤的安全洁净状态。

2. 可控制的因素——九大要点

睡眠

自古就有“睡美人”之说，睡觉也是女性美容的方法之一。世界卫生组织将“睡得香”定为人类健康的标准之一，并从2001年开始，将每年的3月21日定为“世界睡眠日”。如果女性长期睡眠不足或是睡眠质量不高，皮肤便会失去光泽弹性，变得松弛干燥，甚至提前老化；还容易产生痤疮、色斑、出油、黑眼圈等皮肤问题。

睡眠与美容息息相关，那么，怎样才算良好的睡眠呢？

为了美丽着想，女性朋友应该少熬夜，每天至少保证8小时的睡眠时间。晚上11：00—凌晨3：00是肝胆排毒的时候，如果你想皮肤健康，就尽量保证每晚11：00前休息。

要提高睡眠的质量。不是睡得早就一定睡得好，失眠症也是美丽的杀手。因此，在睡觉前可以试着泡泡脚、喝杯牛奶或者听些轻松的音乐等，这样可以让你更轻松地进入睡眠状态。

营养

均衡的营养是美肤的关键，常说：皮肤的保养70%靠内在营养，30%才是靠外在护肤。作为美容的需求，分量少种类多，可以补充更多人体所需营养。有营养专家说日本料理比较符合营养、美容的需求，每份餐品样式很多，分量很少。所以，女性朋友应注意全面补充自身所需的营养物质。其中，蛋白质可以帮助皮肤减少细纹，修复断裂的弹性纤维，补充胶原蛋白、弹性蛋白等；维生素C可淡化色斑，帮助皮肤恢复自然美白；维生素A针对表皮粗糙、有油脂颗粒的皮肤有一定的功效。如工作繁忙，便可尽量选择维生素来补充饮食的不足，确保营养的摄入，助你成为美肌达人。

水分

水分的存在对皮肤健康至关重要，如果长期不注意水分的摄取，人体就可能出现各种皮肤问题——皮肤老化、暗沉、干燥、抵抗能力下降等，因此，让皮肤保持充足的水分是美容的重要保证。如果身体缺水，皮肤是第一个被停止供水的器官，皮肤细胞内的水分就会耗尽而得不到补充，从而导致皮肤干燥，没有光泽感。要想拥有完美的皮肤，每天保证充足的饮水是很有必要的。为保证皮肤的需求，每天摄取水分应在 2000 毫升左右，相当于 4 瓶矿泉水的饮水量。

运动

运动是免费的皮肤洁净面膜，爱运动朋友的皮肤一般看起来都很有活力，且皮肤紧致，有光泽和弹性，这就是运动的魔力。运动时身体发热，皮肤毛孔自然打开，可以有效而快速地清除毛囊内堆积的油脂排泄物和日常洁面无法清理的表皮垃圾。运动有助于排毒，加快新陈代谢，增强抵抗力，促进血液循环，保持皮肤的健康等，可以说，对皮肤的保养大有裨益。女性每天应运动最少 40 分钟，这样有助于皮肤健康。

压力

职场的竞争，永远隐藏着各种各样的压力。生活的琐事、复杂的人际关系总会让你喘不过气，负担过重、压力过大、心情低落绝对是美丽的公敌。长期处于高压状态下的女性，大多都会与斑点、暗疮、黑眼圈等皮肤问题结缘。女性要学会放松身心，每天学做办公室面部美容操，锻炼脸部肌肉，是减少压力、避免皱纹产生的好办法。

药物

药物的毒性是众所周知的，皮肤是人体最大的排泄器官，药物的毒素除了通过肝脏、肾脏排泄之外，皮肤也是一条重要的排毒途径。因此，长期服用药物的女性，一般皮肤都会出现晦暗、无光泽、长痘或长斑等情况。特别是避孕类的药物，大多会含雌性激素等物质，长期服避孕药，会对皮肤造成不良损害。

吸烟

如今，香烟不再是男性的专用品，很多女性觉得吸烟也是一种时尚，她们慢慢开始把吸烟当作一种乐趣。而吸烟对于身体的危害已经是众所周知了，女性吸烟更是有百害而无一利，吸烟会导致大量自由基的产生，而自由基对人体的危害超过臭名昭著的尼古丁，位列烟气中的三大杀手之首。自由基通过损害细胞膜和健康的DNA，从而加快人体的老化，包括皮肤的老化，如暗沉、发黄、色斑、细纹甚至松弛等问题。而且吸烟不仅会使面部皮肤产生皱纹和变黄，而且也可以对全身的皮肤产生同样不良的后果。

酒精

有些女性，由于工作关系或生活的不良习惯，时常饮酒，甚至经常醉酒。喝酒会对女性的皮肤造成不可挽回的损害，酒精会减少皮肤油脂数量，促使皮肤脱水，还会造成体内的水分流失，间接影响到皮肤的正常功能。不仅如此，酒精会加重肝脏的负担，使肝脏降低对有毒物质的解毒速度。因此，将急剧减少可抵御紫外线、防止皮肤受损的麸胺基硫的合成，导致细皱纹和痣的生成。另外，还会阻碍血液循环，减缓皮肤的再生速度，导致眼睛或脸部水肿。

不良食物

许多爱时尚的女性，酷爱休闲食品，如烧烤、麻辣火锅、薯片、蜜饯等。人的新陈代谢若是正常，体内的黑色素可顺利排出，人的皮肤就会显得白皙、细腻。而这类休闲食品大多含有防腐剂、添加剂和大量的调味剂，无疑会加重内脏的负担，使黑色素不能顺利排出，长期淤积在体内的黑色素便会使皮肤长出黑斑和雀斑。

看皮肤知健康

看“痘”知健康

长痘痘是很多女性的苦恼，“只要青春不要痘”是她们挂在嘴边的口头禅。皮肤是身体健康的晴雨表，为何我们的皮肤会长痘呢？

1. 额头长痘

原因：皮脂代谢异常、颈椎过劳、雌性激素不足、心理压力大、清洁不当。

改善：注意调节情绪，早睡早起，面部有效清洁。

2. 印堂长痘

原因：出现双眉间的痘痘不容忽视，因为可能与心脏的活动有关。

改善：最好询问医师，避免剧烈运动，保障睡眠，远离烟酒的刺激。

3. 太阳穴长痘

原因：肝火旺盛，内分泌失调。

改善：改善饮食，多休息。

4. 发际长痘

原因：卸妆不干净，造成毛孔堵塞。

改善：注意发际部位的清洁，清除毛孔代谢物。

5. 鼻头长痘

原因：胃火过大，消化系统异常。

改善：减少肉食的摄取，少吃生冷食物。

6. 左脸颊长痘

原因：肝功能不畅，有热毒。

改善：增加户外活动，多吃排毒的食物。

7. 右脸颊长痘

原因：肺火上升，肺功能失常。

改善：注意保养呼吸道，避免吃导致过敏的食物。

8. 下颌长痘

原因：月经不调、卵巢囊肿、痛经等妇科问题。

改善：勿吃生冷的食物，身体尽量别受凉。

9. 唇周长痘

原因：便秘、吃过多辛辣及油炸类食物，使用含氟过多的牙膏也可能刺激长痘。

改善：多吃富含膳食纤维的食物，多喝水。

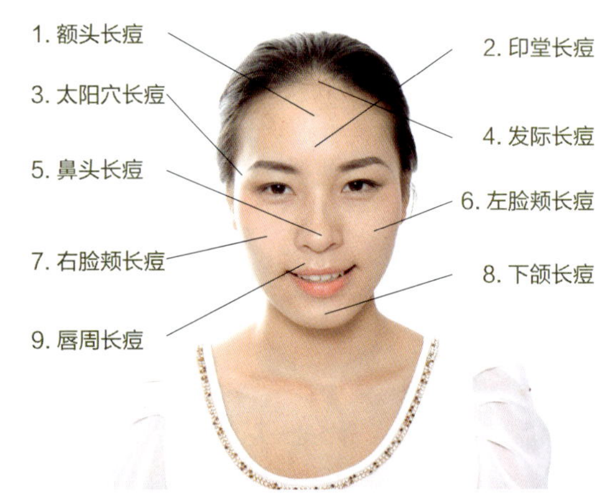

看"斑"知健康

年轻时尚的女性，酷爱熬夜、上网、蹦迪等娱乐活动，没几年的光景，便无可奈何晋升为"斑长"。刚生完宝宝的年轻妈妈们，在诞生小生命欣喜之余，肤龄也更为明显，也成为"祛斑"大队生力军中的一员。让我们一起来看看为何"斑点"会在不知不觉中出现在我们的脸部。

1. 发际的斑点：可能与妇科问题有关，雌性激素、副肾机能不平衡。

2. 额头的斑点：雌性激素、副肾机能不平衡，卵巢机能异常。

3. 眼皮上的斑点：体现女性激素不平衡，妊娠或流产次数多。

4. 眼周的斑点：子宫性疾患、妊娠中绝、流产、激素不平衡、避孕、情绪不稳定。

5. 太阳穴、眼尾的斑点：甲状腺弱、神经质、心理受到过强烈打击、妊娠、更年期、心脏功能衰弱、眼鼻耳有疾。

6. 两颊的斑点：化学色素、日晒、更年期肝脏机能及副肾机能衰退。

7. 人中的斑点：子宫、卵巢有问题。

8. 鼻下的斑点：卵巢疾患、激素不足、生理不适、卵巢手术、日晒多。

9. 颈部的斑点：对香水、花露水有过敏的反应；日光、紫外线过度照射。

10. 下颌的斑点：妇科疾患、怕冷症、白带多、对化妆品过敏。

注：有些女性的斑点属于天生遗传型，可能与上述原因无关。

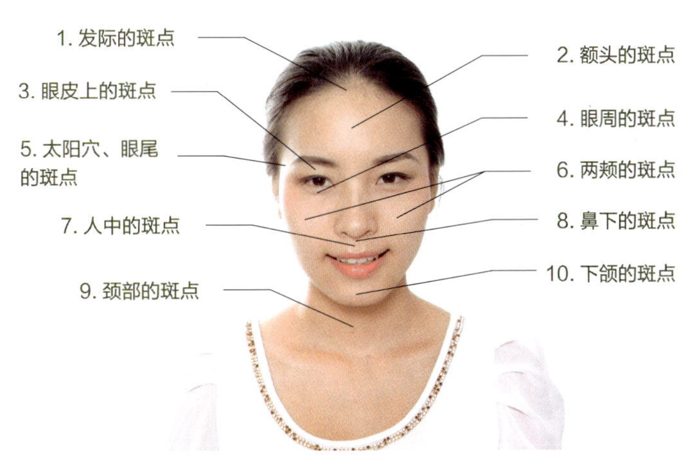

看“己”知健康

皮肤的不同状况会毫不掩饰地暴露出我们的年龄阶段，皮肤同时也是反应身体健康的一面镜子！职场精英要学会通过看皮肤，了解自己身体的状况，做自己的健康顾问！

1. 黑眼圈：睡眠质量不好，身体缺钙、铁、维生素C等微量元素。眼睛过度疲劳，造成眼部血液循环不良，气血不通。遗传性黑眼圈也显示天生肾功能虚弱。

2. 眼尾鱼尾纹：缺乏胶原蛋白，需大量补充蛋白质类食品，以增强弹性蛋白、胶原蛋白组织活力。

3. 眼袋较大：营养不良，脾、肾功能虚弱。

4. 眼睛眼底变黄：肝功能虚弱。

5. 鼻梁凹陷处暗沉、有色斑：肾功能需加强，易腰酸背痛。

6. 嘴唇紫黑：肺部排毒功能不好，或是擦过含铅的口红。

如何正确护理皮肤

随着时光的推移，皱纹、黑眼圈、斑点等将慢慢出现在我们往日白皙、光润的脸部，岁月毫不留情地在我们的脸上刻画下痕迹，给我们带来了无数烦恼。如何正确有效地护理皮肤呢？首先我们从每天如何正确洗脸开始。

每日正确洗脸步骤与禁忌

有些美眉会疑问，从小就天天洗脸，这难道还有什么诀窍吗？针对这个问题所做的女性街头调查表明：80%以上的女性洗脸方法都有错误或疏漏。其实，出现黑头、痘痘等皮肤问题与洗脸方法不正确、洗不干净有很大关系。即便你买了昂贵的化妆品，但操作方法不正确，同样起不到清洁美容的效果。那么，怎样洗脸才正确呢？下面为大家介绍洗脸的六个基本步骤：

第一步：用温水将脸部打湿。

洗脸的水温至关重要，有些人为了方便，直接在水龙头下用冷水洗脸；有些人则认为自己是油性皮肤，水温一定要比较高才能把脸部的油垢洗净。其实这些观点都是存在问题的，正确的方式是用温水洗脸，这样既能让毛孔充分张开，将残留的代谢物洗净，又能避免皮肤天然的保湿油分过于丢失。（如右图）

第二步：在手心将洁面乳打起泡沫。

使用洁面乳的量不宜过多，面积为1元硬币大小即可。在向脸上涂抹前，大家一定要记得先将洁面乳在手心打成泡沫状态，很多女性在洗脸时就容易忘记这最关键的一步。如果洁面乳不充分起沫，不但清洁效果不佳，还会残留在毛孔内引发青春痘。（如图1~图3）

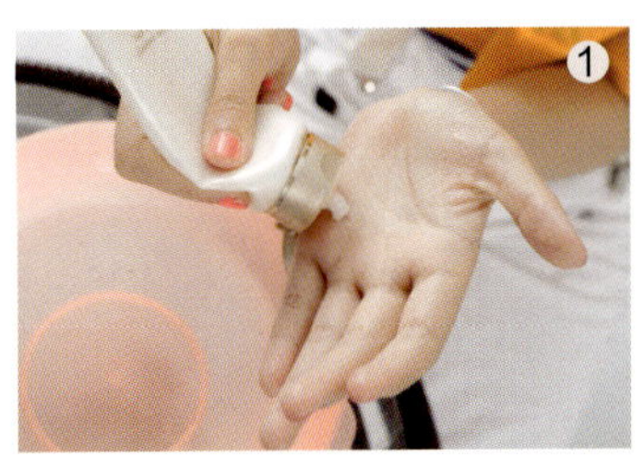
1

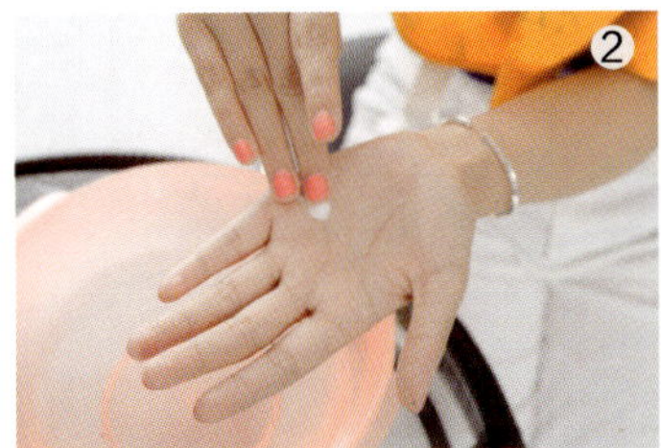
2

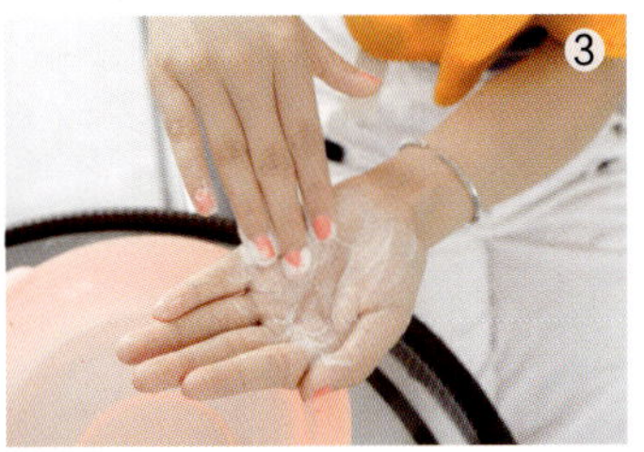
3

第三步：做画圆动作，在脸上轻轻按摩按摩 1~2 分钟。

把泡沫涂抹在脸上，然后轻轻地打圈按摩，切忌太用力，以免产生皱纹。按摩 15 下左右，让泡沫均匀遍布整个面部。

1. 双手四指并拢，按照从下颌往斜上方至耳根处的顺序向外打圈。（如图 1、图 2）

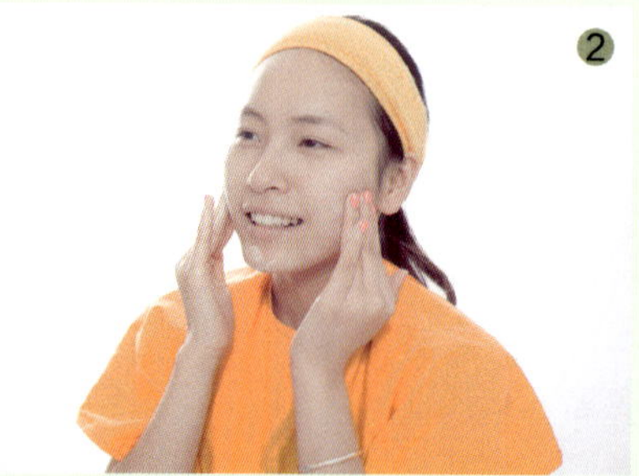

2. 按照从嘴角往斜上方至耳中处的顺序向外打圈。（如图 3、图 4）

3. 按照从鼻翼往斜上方至太阳穴的顺序向外打圈。（如图 5、图 6）

5

6

4. 双手无名指、中指上下来回清洁鼻梁、鼻翼。（如图 7~ 图 9）

7

8

9

5. 双手四指并拢，从中间往外打圈，清洁额头。（如图10、图11）

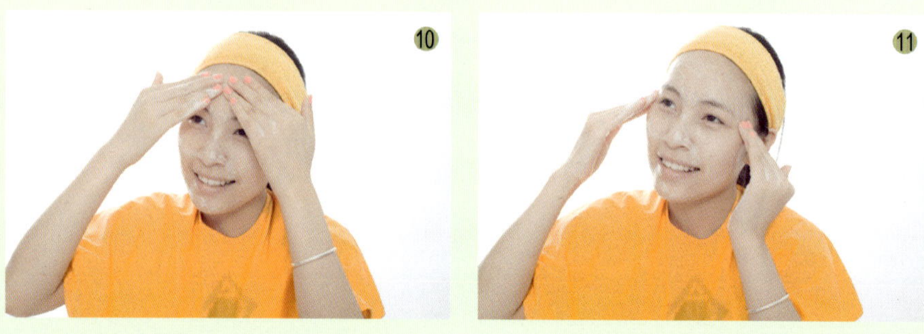

6. 双手四指并拢，从外向内打圈，清洁眼部。（如图12、图13）

第四步：清洗洁面乳。

用洁面乳按摩完后，就可以进行清洗了。很多女性怕洁面乳没洗干净，就用毛巾用力地擦洗，这样做对皮肤伤害很大。正确的方法应该是用湿润的毛巾轻轻在脸上按压，反复几次后就能清洗掉洁面乳了，而且还不伤害皮肤。如果是痘痘型的油性皮肤，记住毛巾尽量先消毒，这样避免交叉感染。（如上图）

第五步：检查发际是否清洗干净。

清洗完脸部的洁面乳，很多女性觉得洗脸的步骤已经完成了，可是大家又忽略了一个细节问题——发际是否有残留的洁面乳。这些隐藏在发际里的洁面乳要是不及时清除，也很容易滋生细菌，从而导致痘痘的产生。（如下图）

第六步：用冷水撩洗清洁后的脸部。

很多女性都希望自己的皮肤紧致有弹性，这里告诉大家一个好办法，洗完脸后用双手捧起冷水撩洗面部约 15 下，同时用凉毛巾轻敷脸部。这样做既可以让皮肤紧致，又能促进血液循环。（如右下图）

这样洗脸的工作就大功告成了。这时，美眉们会觉得认真洗脸后的皮肤会更洁净、光滑、紧致。长期坚持的话，你会发现你的肤质会慢慢得到改善。但是大家也不要过于频繁地洗脸，否则会使得皮肤变得干燥粗糙，那就适得其反了。

皮肤的正确护理程序

第一步：洁面后，使用紧肤水，用四指轻轻拍打 3 分钟至皮肤吸收。（如图 1、图 2）

第二步：使用眼霜。用中指、无名指轻拍或顺时针按摩直至吸收。（如图 3、图 4）

第三步：使用精华类护肤品。轻拍或打圈按摩至吸收。（如图 5）

第四步：白天：日霜 全脸轻拍、按摩至吸收。夜晚：晚霜 全脸轻拍、按摩至吸收。（如图 6~ 图 8）

小贴士

选择含有防晒指数的日霜，一定要选择可以同时防止 UVA 和 UVB 的日霜，很多女性误以为只有夏季才需要防晒，其实，一年四季 UVA 无处不在，每天不间断地对皮肤造成伤害，这才是需要我们警惕的。女性们必须具备防晒的意识，每年 365 天抵抗衰老。

在白天的生活中，面部皮肤长期裸露在外，无疑会受到紫外线、空气、自由基的直接伤害，夜晚，不仅是身体同时也是皮肤休息的最好时机，晚霜具有修复受损皮肤细胞、保养皮肤的功能。让你的皮肤也好好睡个营养觉，真正帮助你保持美丽容颜。

通过学习，判断出小美的肤质属于油性皮肤。针对其肤质的特征，我们做出以下建议。

1. 养成良好的生活、进食习惯，每天早睡早起，进行适当的运动。
2. 保证每天摄入 2000 毫升水和 8 小时睡眠时间，一年四季都保持防晒的习惯。
3. 每天早晨、晚上两次，按照正确的方法洗脸。

第4章

彩妆变身大课堂

长期坚持用正确的保养方法，一定会拥有白皙、通透的好皮肤，展现出自然的红润光泽。对于学习彩妆而言，好皮肤就是美丽的资本，试想，当一位画家要作画时，是愿意选择一张坑坑洼洼、有污迹的纸呢，还是愿意选择一张细腻清透、没有任何瑕疵的白纸呢？答案不言而喻，一张好皮肤就好比画家手上洁白的一张画纸，只有好底色，才会画出好妆容！而在我的彩妆课上，我经常会将学彩妆比喻为学画画，这的确有异曲同工之妙。

你可能不知道的彩妆渊源

公元前 1500 年的东亚

引领美丽潮流的人们把纯净洁白的皮肤作为美的象征，在古老的中国和日本，人们开始用大米粉制成的颜料修饰她们的面部，修拔眉毛，用指甲花来涂抹头发和脸部。

公元 100 年的罗马和希腊

罗马人用葡萄酒、浆果酱或者朱砂来涂脸，希腊人也用朱砂来涂嘴唇，当时，以红红的脸颊为美的象征。为了显示象征贵族形象的苍白的脸，罗马人用粉笔来涂抹脸和胳膊。希腊人把黑色的熏香涂在睫毛上，来使黑眼睛更加引人注目。

15—16 世纪

意大利和法国成为化妆品主要的生产制造中心，化妆品在欧洲贵族、宫廷重新开始风靡。她们将白色的包含碳酸盐、氢氧化物和铅氧化物等有害物质的化妆品涂在脸上，让自已看起来更漂亮，但其中的有害成分会慢慢积累在体内，损害身体健康，严重时会导致肌肉瘫痪，甚至威胁生命。

17—18 世纪

法国的贵族及平民已开始使用红色的口红、胭脂，以显示生活的愉悦、健康。化妆品在社会各阶层得到认同，并开始广泛使用。同时，也开始用液体砒霜来美白皮肤，古希腊人甚至将汞涂在脸上，尽管会有很大几率产生脱皮反应，但仍有许多畸形的爱美人士义无反顾。

20 世纪

美国生产出口红等化妆品，郝莲娜公司出品了一系列彩妆产品，如世界上第一支睫毛膏及彩色眼影，开始强调用红色作为唇部的基调。新世纪的繁荣，也成为彩妆品工业生产的推进剂，这个时期的女士手提包里，通常都会装有粉扑、口红等化妆品。

20 世纪 40 年代

二战时期，生活用品短缺，女士们不再穿长筒袜，而是用一种水粉饼涂抹整条腿，然后用眉笔在腿的后部画一条线，充当长筒袜。化妆品也非常短缺，女士们在白天只是清洁、保湿皮肤和在脸上扑粉，口红只留在晚上外出时使用。假睫毛开始在好莱坞流行。

20 世纪 50 年代

战争结束，经济好转，化妆又开始流行，眼睛和嘴唇成为化妆的重点，女士们变得传统和高雅。修剪整齐的眉毛、浓厚的粉底、变幻的眼影和口红。

如：《罗马假日》中的奥黛丽·赫本，完美地展现出女性风采。

20 世纪 60 年代

60 年代，更注重自由，比如紫色口红、白色外套、埃及风格的眼线膏等，不再注重流行的外表，而更强调幻想的形象，如在脸上描绘蝴蝶等。使用假睫毛，重视运用天然成分来制造化妆品。

20 世纪 70 年代

化妆的风格多样化、变化丰富，女士们在白天化妆自然、清新，在晚上则多彩而浓郁。从淡雅的自然风格到闪光的彩色眼影、口红，都是引领潮流的女士们的最爱，在她们的背包和化妆盒里装满了各式各样的化妆品。

20 世纪 80—90 年代

20 世纪 80–90 年代化妆强调个性，妆容也较浓，80 年代化妆化上下黑眼线且清一色蓝眼影、红嘴唇。90 年代开始注重化妆品的原料品质。

21 世纪

21 世纪更是彩妆盛行，化妆风格突显个性差异的时候。香港彩妆大师 Zing 为王菲设计的晒伤妆、泪眼妆等让众多爱美、追随时尚潮流的女士们瞠目结舌。

别忽视了彩妆在你生活中的位置

“女为悦己者容”，化妆的真谛就在于尽力打造完美的女性形象，展示出她们自信、惊艳的迷人气质，从而获得异性的青睐。

很多女性对化妆的认识也存在一些误区。

1. 美女便是天生丽质，丑女再怎么化妆也不可能惊艳动人

NO！虽然女性本身的容貌是无法改变的，但是通过化妆的话可以扬长避短，恰到好处地打造出一张理想的脸。这个大家从平时的娱乐新闻便可得到证实，网络上经常可以看到一些媒体拍摄到大腕明星没化妆时候的照片，模样也很普通，但是当她们经过精致妆容的修饰后，光彩照人、光芒四射出现在公共场合，简直是判若两人。其实每个女孩都有成为美女的潜质，只看你有没有将你的潜质发挥到极致。

2. 化妆太做作，不施粉黛才是真正的美丽动人

NO！你说自然美就是不经修饰的素面朝天，因而对化妆显得不屑一顾。这其实是个严重的认识误区，化妆是在你本来的容貌上，对你五官的优点进行展示，对缺点进行隐藏，让你的自然美得以升华，然后以一个更得体、更美丽的形象示人，是对别人的尊重，何乐而不为呢？

3. 外在美只是花瓶，内在美才最为重要

NO！在职场打拼，内在美固然很重要，可是得体的外在也可以为你的事业加分。我们的五官容貌是父母遗传基因决定的，我们无从选择，但是通过我们后天的保养与修饰，“美的能力”完全可以得到很大提升。女人如花，在丰富自己内在美的同时，也别忽略了提升自己的外在美。让我们都来体验美丽的彩妆，借鉴“杜拉拉式的升职模式”开启一扇他人愿意经过的通往我们心灵的门。

彩妆工具介绍

唇彩 唇膏

眼影

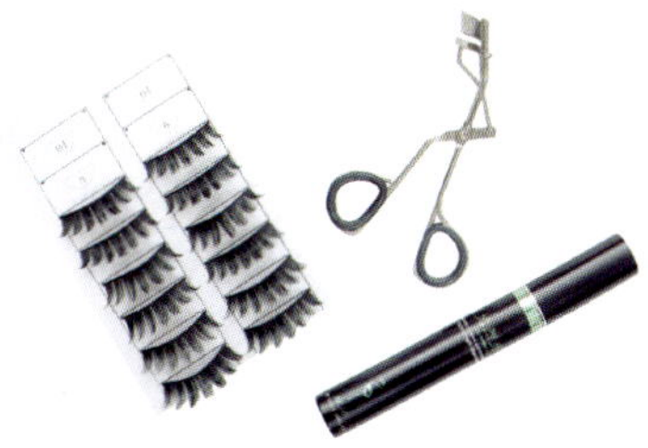

假睫毛　睫毛夹　睫毛膏

粉扑 散粉 粉底液 遮瑕笔

眉笔 眉刷

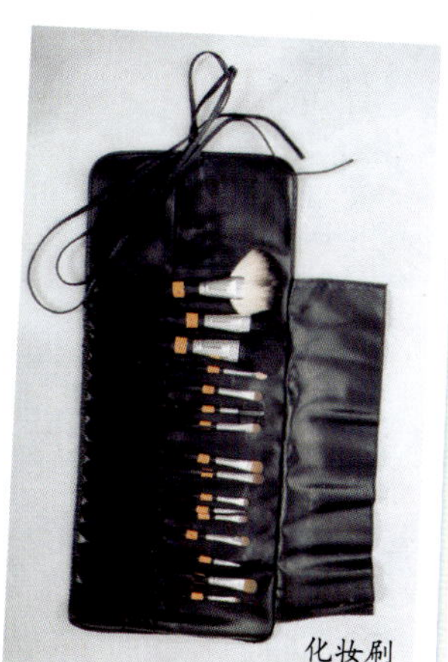

化妆刷

彩妆的基本介绍和技法

彩妆具体可分为基础化妆和重点化妆。

基础化妆是指整个脸面的基础肤色，包括清洁、滋润、收敛、打底与扑粉等，具有护肤的功用。重点化妆是指眼、睫、眉、颊、唇等器官的细部化妆，包括加眼影、画眼线、刷睫毛、涂鼻影、擦胭脂与抹唇膏等，能增加面部的美丽效果并呈现立体感，可随不同场合情景来灵活变化。化妆的方法有日常的一般化妆法、适应各种场合需要的特殊化妆法以及简捷的速成化妆法等。

在当今社会里，彩妆对于大多数职场女性来说都是不可或缺的，比如出席晚宴、约会、谈判等正式场合，如果妆容不得体，恐怕很大程度上会给女性的魅力减分。所以，化妆对于女人来说是生活的一门必修课。下面我们就来详细地介绍化妆的具体步骤、彩妆技巧和化妆中应该注意的问题。

前面我们说过，人体是有颜色的，所以，首先我们要确定自己是属于哪个季节的佳人。详细参考第二章中四季彩妆的内容。

现在我们来重点看看职场精英们在繁忙工作之余，不可不学的"10分钟彩妆焕颜术"，每天10分钟的时间，让你在任何重要场合都能闪亮登场、光彩照人。

正确的彩妆九步曲：

上粉底—基础定妆—画眉—画眼线—画眼影—刷睫毛膏—上腮红—唇妆—最终定妆。

上粉底

在上粉底前，要进行基础的皮肤护理，这样可以隔离彩妆，对皮肤有保护作用。如果有些女性皮肤的瑕疵太多，比如斑点、痘痕，可以适当地使用遮瑕类产品，在需要修正或遮瑕的部位轻轻点上。

打粉底时，要根据自己的肤色和肤质选择合适的粉底。

粉底的作用：

均衡皮肤的色调。

尽量掩盖皮肤的瑕疵。

改善皮肤的质地。

保护皮肤。

选择粉底的误区：

很多女性习惯性地将粉底液等同于增白霜来使用，单纯强调粉底的增白效果，其实，粉底最大的作用在于均衡我们的肤色，就好像画家选择画纸时，最基本的要求一定是一张洁净、无瑕的白纸。皮肤在经过长年累月的风吹日晒之后，大多都会留下一些岁月的痕迹——斑点、痘痕、瑕疵等，所以在选择粉底颜色时切不可单纯以是否增白为标准，如是斑点、痘印皮肤应选择比肤色稍深一些的粉底颜色，遮盖力才会更好。用粉底来还原肤色的均匀、白皙，给我们的彩妆大师一张无瑕的〝画纸〞。如需达到增白效果，可在选择粉饼颜色时，选择稍白一些的粉饼来修饰、定妆，整体效果就非常自然了。

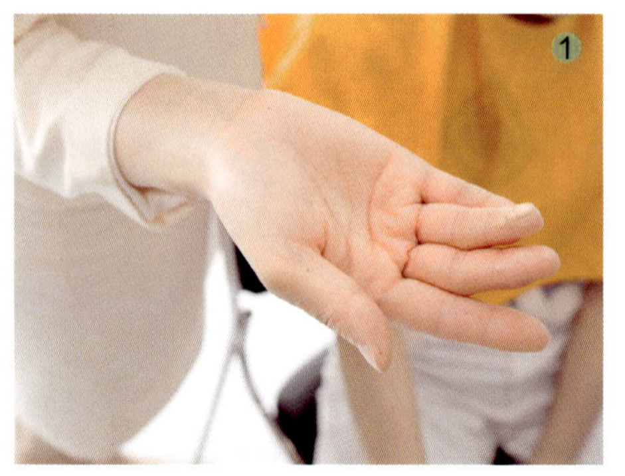

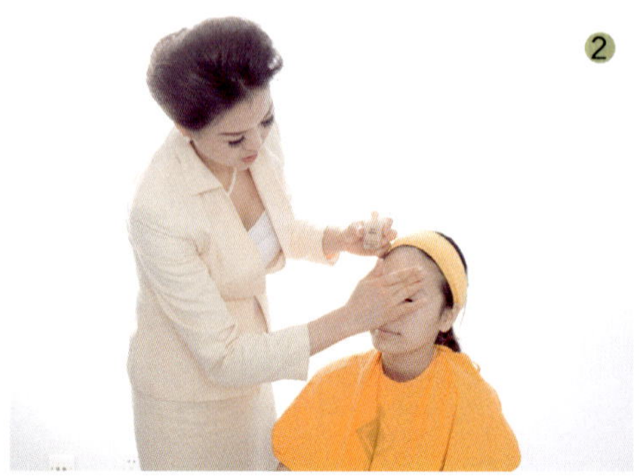

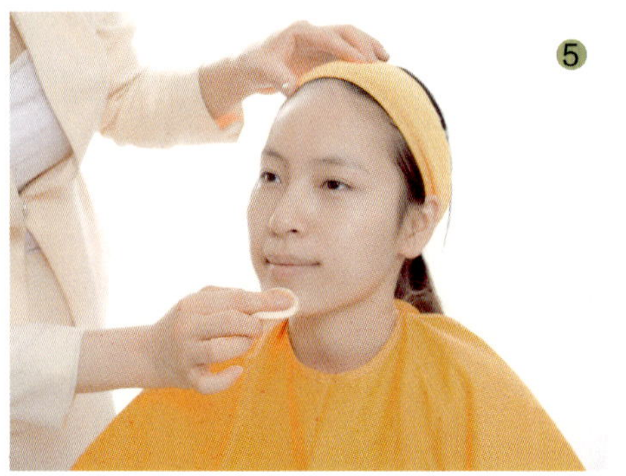

1. 取适量粉底液挤在指腹上。（如图 1）

2. 然后用手指将粉底液轻轻点在脸部的各个部位。（如图 2）

3. 然后沿 T 区、面颊、鼻部、唇边和下颌将粉底推抹均匀。随后用海绵或指腹均匀地向外侧推匀，在瑕疵特别明显的地方可以再涂一次。（如图 3~ 图 5）

4. 注意鼻翼两侧、嘴角及眼角等细小的部位，也要均匀涂抹，不要留下残余的粉底，否则会缺乏自然美感。（如图6~图8）

5. 颈部也要记得涂上粉底，很多女性容易忽略这个细节。若只将粉底涂抹在脸部而忘记颈部，这样会产生很明显的颜色差距，从而破坏了整个彩妆的效果。（如图9）

6. 对肤色提亮，可以使用比肤色浅一色的散粉或粉饼。要提亮的部位分别为额头、眼睛下方、下颌，如此可以增加面部的立体感，让你焕发迷人光彩。（如图 10~ 图 12）

好了，第一步，上粉底的工作大功告成。

小贴士

根据不同的皮肤状况或化妆需求有以下几种上粉底的方法：

1. 印按法。

优点：打出来可使粉底涂抹均匀，附着力强，效果自然。

2. 点拍法。

优点：可使粉底与皮肤结合得更牢固，附着力强，但速度慢、偏厚。需加厚时可用此手法。

3. 平涂法。

优点：适合眼睛周围；力度轻，附着力不强。

基础定妆

粉底涂抹完成后，马上就要进行定妆环节，如果不注意定妆技巧，精心打造的底妆就会很容易花掉。

根据需要选择与肤色相近或稍微白一点的定妆粉。用海绵扑沾取适量定妆粉，沿 T 字区、面颊、鼻部、唇边和下颌，用轻轻拍打按压的手法将粉底在脸部推抹均匀。（如图 1~ 图 5）

肤色修饰的注意事项：

1. 底色要涂抹均匀，且定妆粉不宜涂抹过厚，否则会使得整个妆容没有立体感。

2. 各部位要衔接自然，避免出现明显的界线。

3. 在鼻翼两侧、下眼睑、唇部周围等海绵难以深入的细小部位，可用指腹进行适当调整。

4. 阴影色、高光色的位置根据具体的面部特征而有所变化。

这样一个清透细腻的底妆就完美地打造出来了。

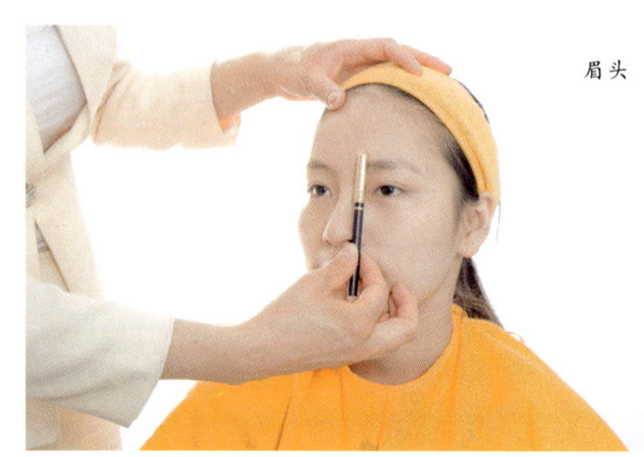

画眉

一般大家不敢画眉，多是因为两边的眉不易画得好且相似、对称。首先，我们来了解标准眉的基本常识。

眉头：位于鼻翼、内眼角的垂直向上延伸线上。眉头颜色须浅淡。

眉峰：眼睛平视前方，眉峰应位于眼球外侧上方，整个眉形的 2/3 处。

眉腰：眉腰是眉头与眉尾之间的部分，眉腰是眉毛颜色最重的部分。

眉尾：位于鼻翼两侧与外眼角的延长线上，可以用两点一线的方法测量出来。

找到适合自己的眉笔颜色，眉笔的颜色通常与发色相同或略浅。

1. 从眉腰处开始着手，顺着眉毛的生长方向，描画至眉峰处，形成上扬的弧线。（如图 1、图 2）

2. 从眉峰处开始着手，顺着眉毛的生长方向，斜下画至眉梢处，形成下降的弧线。（如图 3）

3. 用眉刷轻刷眉部，使眉形变得更加柔和，各部位衔接自然。（如图 4）

画眉须注意的小技巧：

1. 如果眉毛长得参差不齐，注意描画时要补满不完整的眉形，使之自然。

2. 画眉时，眉毛的描画要符合其生长规律和自然规律。

3. 画眉时，切记要有明暗变化，否则会过于生硬，使眉毛失去真实感。

画眼线

画眼线时，一定要抬起眼皮，这样才能画到眼毛根部，生活妆尽量不要画下眼线，不然有点过于夸张，画浓妆时可以增加下眼线。

1. 上眼线从内眼角向外眼角轻轻描画，使眼睛看上去往上抬，并且让人看上去有稍微增大的效果。（如图 1、图 2）

2. 用眼线笔填充眼毛根部的空隙处。（如图 3）

3. 用海绵棒进行晕染，这样眼线效果更自然。（如图 4、图 5）

画眼影

画眼影是彩妆中最具变幻性且能发挥无限创意的步骤，选择一款适合你此时造型的眼影，会恰到好处地让你更为光彩自信。

1. 用眼影刷蘸取咖啡色眼影。（如图 1）

2. 从眼睑尾部的睫毛根部开始描画。（如图 2）

3. 由眼头至眼尾方向抹开。（如图 3）

4. 再顺着眼睛的幅度将眼影自然晕开。（如图 4、图 5）

1

2

3

4

5

5. 最后，将浅色眼影刷在眉骨上进行提亮。（如图 6~ 图 8）

眼影的选色技巧：

每个人的眼睛形状不同，选用眼妆的场合也不相同，最保险的色调挑选要以棕色、大地色、咖啡色等色调为主，中性、百搭、梦幻、神秘又不易出错。不过其他的眼影色彩也可视情况来选择。

紫色——具有神秘感，使眼部显得妩媚，不过皮肤较黑的女性慎用。

蓝色——属于对比色，具有跳跃性。可作为装饰色用在眼角及眼皮褶皱处，起点缀效果。

黄色——属于柔和色，可用于表现眼影结构，作为装饰色。

绿色——属于中性色，具有跳跃性。适合小面积点缀，有清新感。

粉色——属于明亮色，给人柔和、妩媚、温婉的感觉。

刷睫毛膏

先用睫毛夹将睫毛夹翘，由睫毛根部开始渐渐向外移，用三段式夹睫毛的技法，最后涂上睫毛膏。

1. 夹睫毛根部。（如图 1）
2. 稍微后移夹睫毛中部。（如图 2）
3. 最后，夹睫毛尾部。（如图 3）

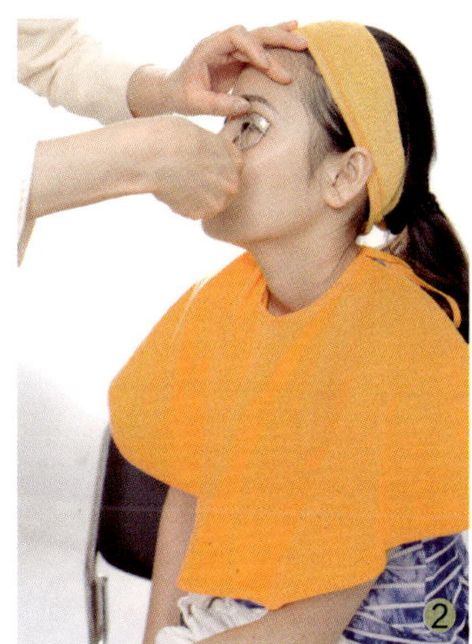

小贴士

这种三段式方法会使你的睫毛在侧面看起来更加自然、有型。而平时有些女性常用的一段式方法，夹出的睫毛在侧面看起来好像一个 90° 折叠的勾形，显得生硬、呆板、人工化。

4. 涂睫毛膏时小心地从睫毛根部开始向毛尖方向涂，横向拿睫毛刷，用 Z 字形轻轻地横刷，以使每根睫毛都沾上睫毛液。（如图 4）

5. 然后将下睫毛也刷上睫毛膏。（如图 5、图 6）

6. 如果有粘在一起的睫毛，则用睫毛梳或小棉签轻轻地分开。（如图 7）

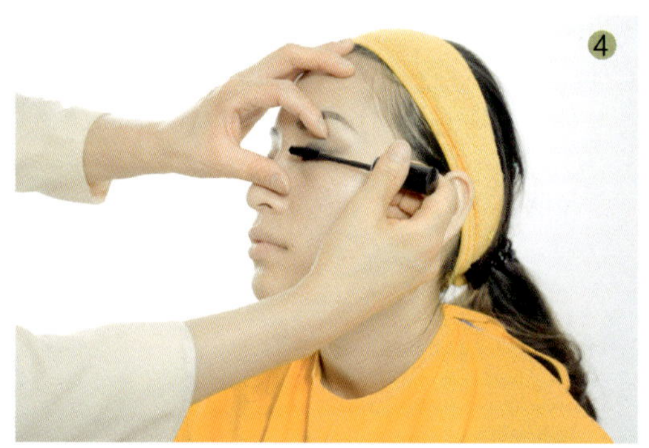
4

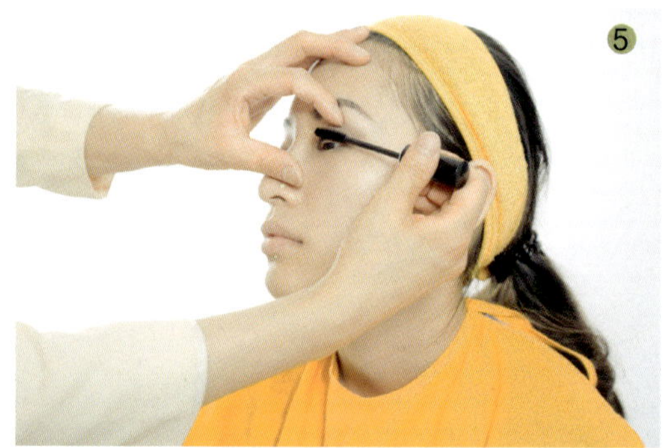
5

6

7

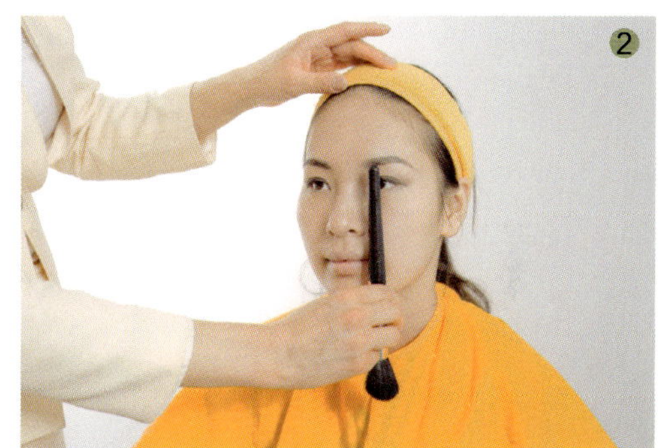

上腮红

打腮红的位置应该在鼻翼的上方、眼球外侧的 1/4 处。腮红可以呈现出一个人健康红润的好气色，而且还能修饰脸形。(如图 1~ 图 3)

唇妆

一个好的唇妆，可以更好地突显出女性的迷人气质。

1. 先用唇膏打底，使得唇部不至于太干。（如图 1）

2. 用唇线笔描画唇形。（如图 2）

3. 再用唇刷或口红棒涂抹。（如图 3、图 4）

最终定妆

1. 化妆完成后，用大号散粉化妆扫蘸取少量散粉，在整个面部、鼻部、下颌处覆盖定妆。（如图1~图3）

2. 最后，用扁宽型的化妆扫，轻扫整个面部，除去残留的浮粉即可。

好了，大功告成，照照镜子，是不是很喜欢现在的你呢？

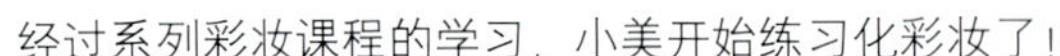

经过系列彩妆课程的学习，小美开始练习化彩妆了！

1. 了解自己的脸型及五官特点。
2. 找出自己的优势及需要重点修饰的部位，扬长避短。
3. 重点练习适合自己五官的化妆技巧。
4. 每天坚持在白纸上学画 20 对眉毛。
5. 保证自己每天化好彩妆再出门。
6. 每天找一位朋友做化妆练习。
7. 认真重复以上练习，30 天后化妆技巧会突飞猛进。

第5章

这就是你想要的完美发型

在整体造型中，发型的设计占有非常重要的位置，一个得体、优雅的发型，会使整个形象的设计锦上添花！让我们一起探索盘发的奥秘吧！

会养头发才是头等大事

“头发枯黄暗淡无光，从未染过发，在别人眼里却像染过色一样。谁来拯救我这稻草样枯黄的头发。”相信很多女性都有这样的烦恼。那么怎样养发才能使之润泽飘逸呢？

饮食养护法

头发的生长需要多种营养素来维系，如蛋白质、脂肪、氨基酸及微量元素锌、铁、钙等。鸡蛋、牛奶、黄豆等含有丰富的蛋白质；动物肝脏、牛肉、菠菜、马铃薯等含有丰富的铁；乳类、鱼类、虾皮等含有丰富的钙。女性平时多吃这些食物，可使头发光泽柔润而富有弹性。另外，芝麻中含有丰富的植物蛋白、卵磷脂、胱氨酸和半胱氨酸，是促进头发秀美的佳品。骨头汤中含有类蛋白质骨胶原，也能起到滋润养发的作用。女性朋友们还可以每天吃一个鸡蛋，能防止白发和头发枯黄。

按摩梳理养护法

“发乃血之余”，只有头皮血运充足了，才可能有一头乌黑亮丽的秀发。采用按摩头部的方法可调节皮脂腺的分泌，促进头发的血液循环，加快新陈代谢，使头发健康润泽。

方法一：

常梳头发也有按摩的功效。不过梳子最好选用骨质或者木质的，梳齿宜钝而疏。梳头发时不可用力过猛，也可用五指代替梳子梳理。

方法二：

1. 将双手的指尖放在耳后。（如图 1）
2. 然后以最小的幅度向上移动，直至头顶。（如图 2）
3. 将指尖放在耳前的发际上。（如图 3）

4. 利用指尖向上做画圆圈的运动，直至头顶。（如图 4、图 5）

5. 指尖放在头部后方。（如图 6）

6. 从颈部中央的发际向上慢慢移动，直至头顶。（如图 7、图 8）

7. 整个手掌盖于脑后。（如图 9）

8. 从两侧移到耳前部位。（如图 10）

9. 向上按摩到前额中央。（如图 11）

10. 再从前向后到头顶。（如图 12）

如果头发状况较好，每天按摩一次，每次 3~5 分钟就足够了；如果按摩的目的是为了促进头发生长，则需每天早晚各按摩一次，每次 8~10 分钟。

正确选用养发类产品

正确选用适合自己发质的养发类产品是保持头发秀美不可缺少的一个环节。洗发液一定要选用有针对性的，因为每个人的发质不同，所以选用的洗发液也不一样。

1. 温和型的洗发液：适合于普通的发质。

2. 强效滋润型的洗发液：适合于头发特别干燥、细弱的发质。

3. 护理型的洗发液，适合于长期受损性发质。

4. 去屑型的洗发液：适合于头屑过多的发质。

5. 深层洁净型洗发液：可以彻底清洁残留在头发中的化学残渍，使头发恢复光泽清爽的状态。

除了选用正确的洗发产品，护发乳的选择也相当重要。

1. 干性发质：应选择保湿润泽类型的护肤乳，这样才能保证你秀发的健康感。

2. 油性发质：控油爽发型的护发乳，可让油性头发长时间保持清爽和舒适。

3. 脆弱发质：最好选用含营养成分的护发乳来护理，深入补充发丝所需营养。

洗头养护法

正确的洗发方法是头发秀美的关键，大家可千万不要忽略了洗头的重要性。正确的洗头方法如下：

1. 洗头前先按摩头发，接着将头发梳理通顺，以免洗时脱落。（如图 1）

2. 调好水温，保持 30~38°C 为宜，先将头发全部浸湿。（如图 2）

3. 再将适量洗发液挤在手心。（如图 3）

4. 以画圆圈的方式，将洗发液打出泡泡。（如图 4）

1

2

3

4

5. 然后均匀涂抹在头发上，用指尖轻揉头发，然后用手指梳理发丝，让污垢溢出。（如图 5）

6. 用清水冲净头发，用干毛巾擦去水分并自然晾干。（如图 6）

7. 洗后，擦些有保护作用的护发乳或护发油滋润头发，一般情况下，以一周洗一次头为宜。（如图 7、图 8）

5

6

7

8

选对发型才有资格谈美——5 分钟变身美公主

选对了适合自己的发型，才能让自己在人群中更加的夺目，对的发型已经让你的形象增分不少。那么，女性朋友们应该如何避免那些发型的误区，更有效地发挥自己形象的优势。什么样的发型才可以让自己更显气质呢？首先要知道自己的缺点在哪里，成功掩饰扣分的缺点才能展现加分的优点。

1. 发色的选择尤为重要

皮肤够白的女性自然有很多可选发色，但是皮肤真正白且细腻的黄种人可能少之又少，所以选择发色还是要耗费些心思的。头发的颜色尽量不要太黑，不然会显得生硬，不够柔媚、活力。深棕色、铜色带红、棕色带红等色系会让肤色看起来润泽一点，气色好一些，但如果你不喜欢太红的颜色则可以尝试巧克力色、栗子色、紫色，效果也不错。但是发色也不能太浅，因为浅发色反而会让发质看起来很枯燥，不柔顺无光泽。而且会让脸色显得不够红润，糟糕的时候看起来像是黄脸婆。

2. 直发也需要修饰

很多男生都希望自己的女朋友有着一头飘逸的直发，温婉动人，但是毫无造型感的直发往往会给人以呆板的感觉。这时你可以选择给头发做一个立体的裁剪，将发梢打出微微的内卷，这样会使得沉闷的直发顿时有了活力，走在路上头发就像跳舞一样。如今，过眉的齐刘海也受到很多女性的喜爱，配以飘逸的直发，既能很好地修饰脸型，还能更多地展示出女性的柔美可爱。如果你还想变身潮范儿，则可选择浅棕色的染发，青春动感的味道，让你更加耀眼夺目。

3. 先认识自己，再完善美丽

大家应该先剖析一下自己的优缺点，这样才能找到适合自己的发型。肩膀很宽、很厚的女性就不要剪太短的头发，否则这样的缺陷必定暴露无遗；臀部宽大的女性就不要把头发削得很薄，这样反而会暴露下半身的问题，身型看起来就是上窄下宽；头型很扁的女性，头发就不能没有蓬松度；两颊很宽的女性，卷度就不能从脸颊开始去蓬松；矮个子的女性尽量不要留超过肩部的长发，否则看起来人会更沉重，显得更矮。如果你有上述的问题，就请尽量避免掉，这样才能展现你魅力的优势。

复古罗马公主盘发

每个女生心中都有一个公主的梦想，当穿着典雅的服饰出席商务社交场合时，一款复古风格的盘发，让你快速成为全场的焦点人物！让我们一起来看看复古罗马公主盘发的造型，让自己也有机会体验一下职场公主的感觉。

1. 将全部头发梳理柔顺。（如图 1）

2. 从头发左边开始，向右边横向编发。（如图 2）

3. 每编一次，都从左边抓起一缕头发，编入到整股发辫之中。（如图 3~图 5）

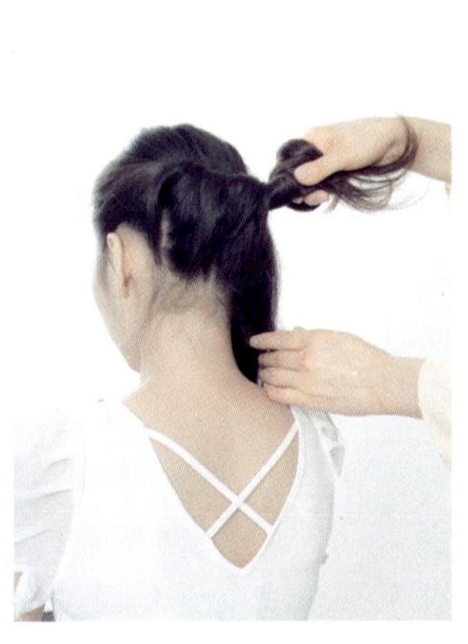

4. 一直从左耳处编至右耳处。（如图 6）

5. 再以皮筋扎牢，挽成发髻成型。（如图 7）

6. 根据服饰颜色、款型，佩戴相应发饰。（如图 8）

这款发型，造就女性典雅风格、贵族气息，非常适合社交宴会。

韩式职场丽人盘发

不用盘发棒，不用螺旋发卡，只需简简单单的橡皮筋，就能轻松打造魅力十足的职场精英发型。

让工作繁忙的我们，每天清晨都能轻松上阵，让我们一起来看看这款5分钟韩式经典盘发吧！年龄小一点的女性可将发梢尾部留出部分，用细齿梳反向刮成毛绒状，就是一款时尚的商务社交晚宴盘发造型。

1. 在头顶偏下的位置，用皮筋扎起马尾辫。（如图 1）

2. 在马尾辫根部，用梳子的尾端掏出一个空洞。（如图 2）

3. 将头发逐步塞入空洞，留出少许发梢。（如图 3）

4. 喷发胶，反向刮出造型，整理即可。（如图 4、图 5）

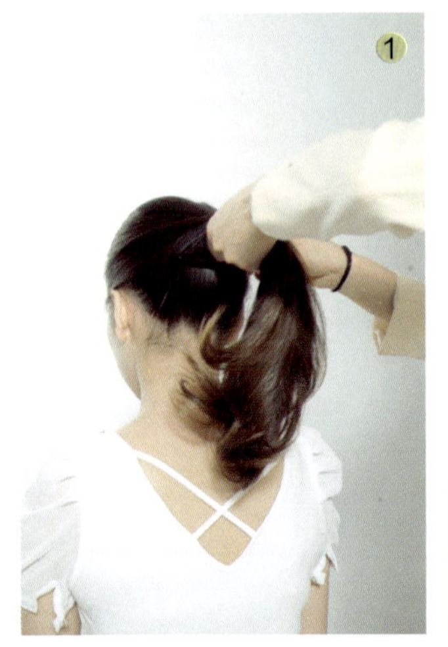

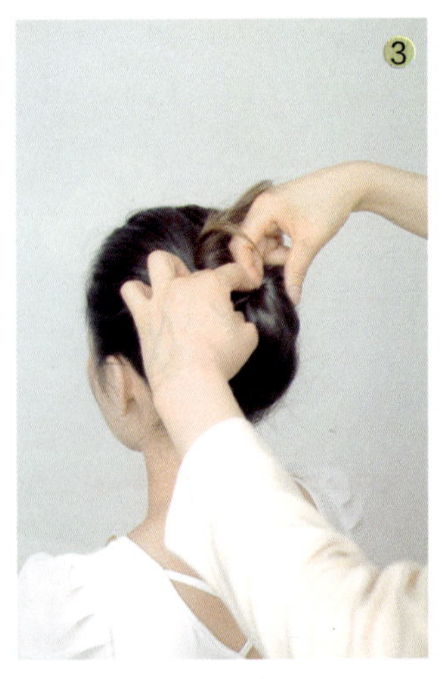

年龄稍大一点的女性可将马尾扎低一些，变换发式，插入精致的发卡。即成一款典型的韩式盘发风格，非常适合日常工作中繁忙的职场女性。

1. 在脑后位置，用皮筋扎起马尾辫。（如图 1）

2. 在马尾辫根部，用梳子的尾端掏出一个空洞。（如图 2）

3. 将头发全部塞入空洞。（如图 3）

4. 插入精致的发卡，整理即可。（如图 4）

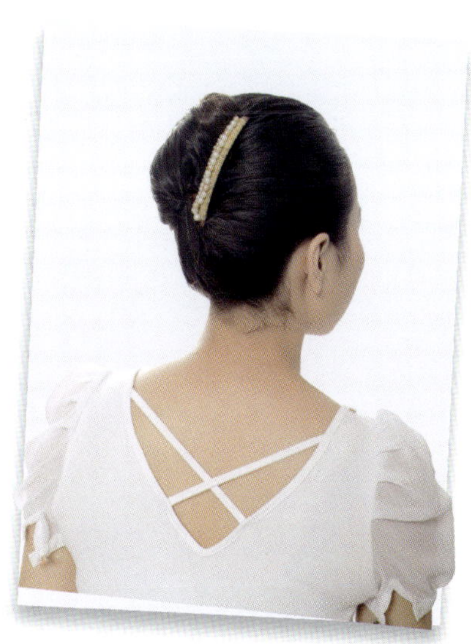

简约气质盘发

一款可以不受年龄阶段限制的盘发造型，带给人不一样的清新气质，自然的发色淳朴优雅，把额头上的头发全部盘起，突显端正五官，更清爽，更活力。

1. 全发梳理整齐至后脑中部。（如图 1）

2. 向右扭麻花式，上拉扭紧发束。（如图 2）

3. 将发梢隐藏于发束里。（如图 3）

4. 用精致发梳插入发根。（如图 4、图 5）

5. 固定整理发型。（如图 6）

高贵精致盘发

具有高贵梦幻公主感觉的盘发造型，在构思上，摒弃了传统盘发的呆板，发梢凌乱具有时尚感，以扭转麻花的方式营造了层次感分明的脱俗效果，大气而唯美。

1. 全发梳理整齐至后脑中部。（如图 1）

2. 向右扭麻花式，上拉扭紧发束。（如图 2）

3. 向左扭动，盘成环形发髻。（如图 3）

4. 将环形发髻底部，向上反推至发顶。（如图 4）

5. 用精致发梳，从上往下直接插入，固定。（如图 5、图 6）

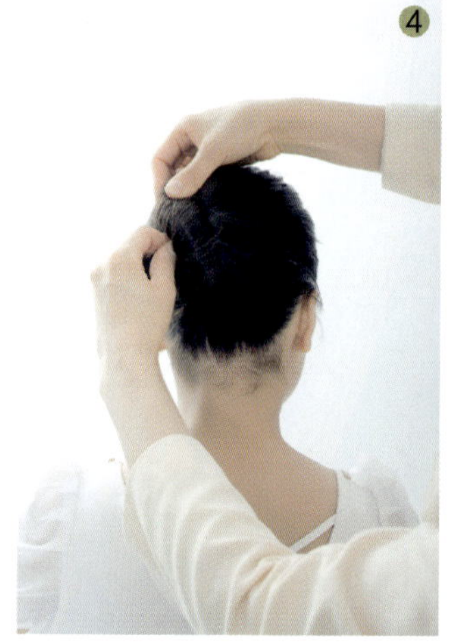

6. 喷上发胶。（如图 7）

7. 尾部发梢用细齿梳刮成花朵状。（如图 8）

8. 全发定型即可。（如图 9）

青春丸子盘发

夏日炎炎，你总是抱怨头发太多、太长、太乱，让燥热感升级。那么，此时你正需要的就是这样一款既能抵挡高温，还能颇显年轻的青春丸子头了。挽起杂乱的头发，打造无限活力。这样夏季的沉闷就一扫而光了，取而代之的是眼前一亮的清爽感。

1. 全发梳理整齐至后脑上部。（如图 1）
2. 将发束分成上下两部分，梳理整齐。（如图 2）
3. 上半部分向上弯曲，向上扎入皮筋里。（如图 3）
4. 下半部分向下弯曲，向下扎入皮筋里。（如图 4）
5. 整理成圆环形。（如图 5）
6. 全发定型即可。（如图 6）

古典淑女盘发

充满复古风情的盘发造型，并融入灵动的时尚感。在盘发的基础上做出高耸蓬松的设计，突出模特精致的五官和脸型，温婉可人。别致的珠饰更显古典优雅气质。

1. 用皮筋在后脑上部扎起马尾辫。（如图1）

2. 在马尾辫底部掏出一个空洞位置。（如图2）

3. 将头发逐步由下往上推入空洞。（如图3）

4. 将发梢拉出，往下梳理整齐。（如图4）

5. 向下包住整个发髻，用小黑夹固定。（如图5）

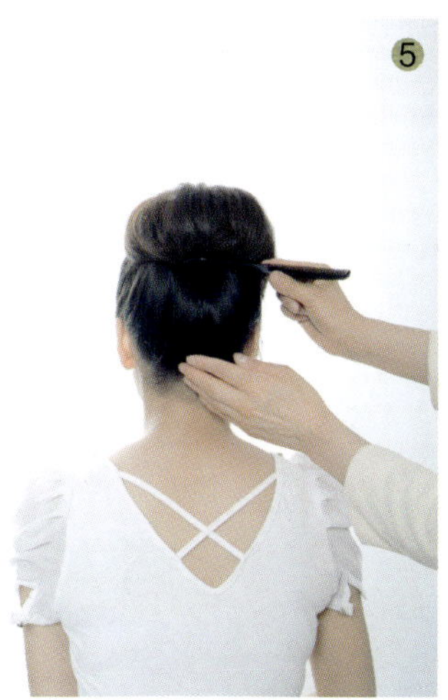

盘发技巧的练习不是一日之功，找到小美的个性特征及职业需求，设计适合的发型。小美身材较高，在职场上不太适合盘太高的发髻，应多选择披肩式或中低式的发型设计。

1．先了解自己的头型、发量及职业需求，设计几款适合自己的发型。

2．每天练习一款盘发技巧。

3．反复练习，每天给一位好友做发型设计。

第6章

你今天的服搭配对了吗？

在整个完美形象中，服饰礼仪是一个人举止修养的一部分，在不同的场合，有不同的着装要求，需要我们在日常社交场合、商务活动中去不断练习和积累。

美国著名形象设计师莫利先生曾对美国《财富》排名榜前 300 名公司中排行前 100 名执行总裁进行调查：97% 的人认为懂得并能够展现外在魅力的人在公司中有更多的升迁机会；93% 的人会由于首次面试中申请人不得体的穿着而被拒绝录用；92% 的人不会选用不懂穿着的人做自己的助手；100% 的人认为应该有一本阐述职业形象的书以供职员阅读。外在的服饰形象是事业成功的一个重要推进剂，成功的外表形象对我们的事业成功起着推波助澜的作用。

着装很大程度体现着一个人的文化修养和审美情趣，是一个人的身份、气质、内在素质的象征。在不同的场合，穿着得体、适度的人，总会给人留下良好的第一印象；而穿着不当者，则会让人对其印象大打折扣。在社交场合，得体的着装是对人的一种基本礼貌，某种程度上影响着人际关系的发展。

得体着装 TPO 原则

T、P、O分别是Time、Place、Object三个英文单词的首字母，“T”指时间，泛指早晚、季节、时代等；“P”代表地方、场所、位置、职位；“O”代表目的、目标、对象。着装的TPO原则是世界通行的着装打扮的最基本原则，是目前国际上公认的衣着标准。其要求人们的服饰应力求和谐，以和谐为美。正确的着装要与时间、季节相吻合；要与所处场合、环境、习俗相吻合；要与着装人的身份、地位相吻合；要根据不同的交往目的，交往对象选择得体服饰，从而给人留下良好的印象。

根据着装的TPO原则，着装时应注意以下几点：

1．着装应与自身条件相适应。选择服装首先应该与自己的年龄、身份、体形、肤色、性格和谐统一。

① 年长者应选择面料柔软、质地良好、款式简单的服装，而不宜选择过于花哨的服装；年轻者应选择体现青春气息的服装，可撞色，可素雅，可混搭，也可成熟，等等，但是一定要以自己能驾驭的风格为标准，否则会适得其反。

② 按照自己的形体特征来选择合适的服装，如身材矮胖、脸圆多肉者，不要穿横格的衣服，宜穿深色低 V 字形领、大 U 形领的服装，而浅色高领的服装则不适合；身材苗条、长脸细颈者宜穿浅色、高领或圆形领的服装；方脸形者则宜穿小圆领或双翻领的服装；身材匀称、形体条件好、肤色也好者，着装范围则较广。

2. 着装要满足担当不同社会角色的需要。社会生活是多方面、多层次的，在不同的场合担当不同的社会角色，其对服装的要求也不相同。

① 工作时间着装应遵循整洁、美观、和谐、稳重等原则，给人以愉悦感和信任感。

② 社交场合服装应庄重大方，不宜太过浮华。

③ 节假日休闲时间着装应随意、休闲些，太正式的服装则不适宜。

④ 与外宾、少数民族相处，需要格外尊重他们的习俗禁忌。

3. 着装还要注意色彩的搭配。服装的色彩是给人直观的第一印象，对整个服装的得体度有极大的影响。恰到好处地运用好服装的色彩，可以为你的体形扬长避短。

① 对于下半身臃肿的体形，宜选用深色轻软的面料做成裙或裤，从而削弱下肢的粗壮感。

② 对于高大丰满的体形，在选择搭配外衣时，亦适合用深色，更能展现其让人羡慕的好身材。

问题人群服装搭配大拯救

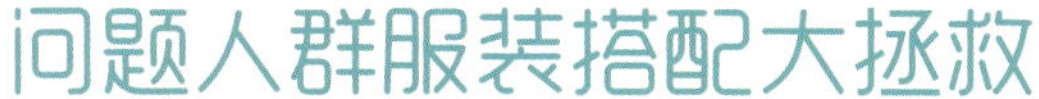

胖美眉族的烦恼

你是胖美眉一族吗？你还在为你的身材烦恼不已吗？不用烦恼，给你锦囊妙计，让你在职场同样是一条美丽的风景线。

千万不要将黑色作为你服饰的主打色！千万不要以为黑色会使你显瘦！这是胖美眉用色的一大误区。

黑色不但不会使你显瘦，还会使你显得更重。

1. 胖美眉可以多选择竖线条的图案，会稍显修长一些。

2. 胖美眉一般脸型都稍大、稍胖一些，千万不要画弧形眉，多运用眉峰稍高的上扬眉，腮红多选用斜扫方式，使脸型稍微显得瘦长。

3. 胖美眉一般不要穿超短裙。裤装更优于裙装。

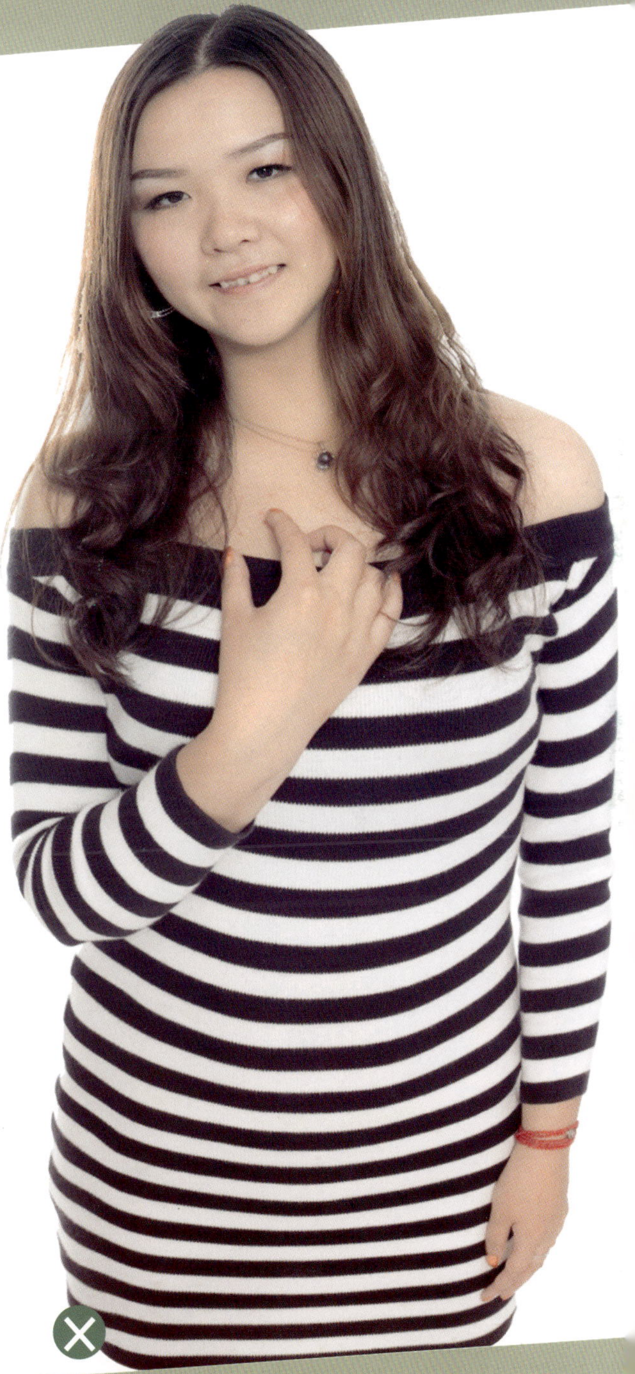

155 部落的增高妙计

多穿浅色衣服，我们一起来“认识色彩大小的魔法”。

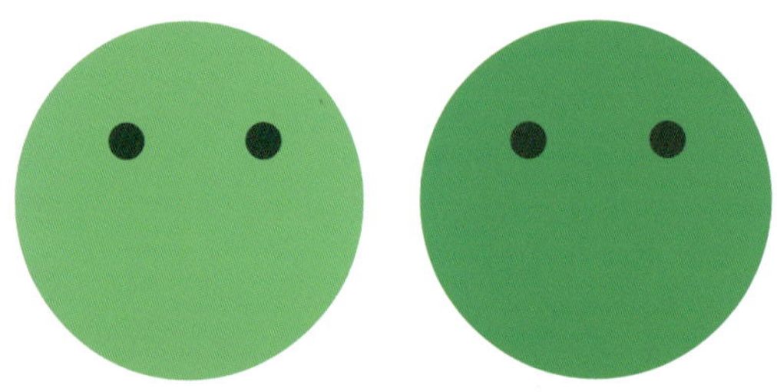

这两个圆形谁看起来更大一些呢？一般都会觉得是左边浅绿色的圆形。其实这两个圆形面积是一样大的。浅色会看起来使人显得更高挑一些！面积更大一些！

1. 可配以短上装、长裤，以在视觉上显得更加修长。

2. 多穿竖条纹长裤，裤长可比自己腿部略长一些，再配以粗跟 10cm 高跟鞋，马上有长高效果。长期如此装扮，155cm 迅速变为 165cm。

3. 在发型上，禁忌留披肩长发，可多选择干练的短发、高挑式的马尾辫或高盘发。刘海部分适合向上拉高，做成蓬松上扬状。

高个美眉的苦恼

高个美眉也有苦恼吗？这大概是155部落的美眉们无论如何也难以理解的！每个人都有自己的烦恼，就像高个美眉不喜欢自己比同龄的男生还高一样。没关系，高个子美眉同样可以扬长避短，达成所愿！建议你：

1. 多穿平底鞋、休闲鞋。在工作场合，与同事、客户相处，高跟鞋以不超过2~3cm为宜。以致不会使你造成长期“鹤立鸡群”的孤独感。

2. 可多选择横条纹、宽松的服饰，以快速降低你的“海拔”，做个平易近人的小美眉。

3. 在化妆上，多用平眉、圆弧眉，少用高挑眉。

4. 在发型上，多选用披肩波浪长发，少用短发，盘发发髻位置也应稍平、稍低一些。

肤色暗黄群的困惑

你还在为肤色暗黄——“黄脸婆”式的脸而发愁吗？肤色暗黄，是多种原因造成的，需要内在的调养与外在的保养共同协调配合。好的皮肤其实 70% 源于内在的调养，30% 是外在的皮肤护理。肤色暗黄的朋友，更是需要内调外养才行。

1. 多吃含维生素 C 高的食物与水果，每天最少需要摄取 1500~2000 毫克的维生素 C 才可以达到美白皮肤、消除暗黄肤色的目的。一般 1 千克橙子维生素C的含量大约是60毫克，因此，建议选择好的高倍提纯的维生素营养品牌，坚持保质按量摄取所需的维生素 C，3 个月左右可以看到明显的效果。

2. 选择外用护肤品时，多选择美白类产品，配合美白、保湿面膜每周一次的护理，也会起到消除皮肤暗黄的效果。

3. 千万不要以为用生活中的水果、蔬菜、牛奶敷面，就可以达到奇效。其实，这也是大多数爱美女士的误区，皮肤表皮层中有一层“透明层”，非常容易被忽略，“透明层”最主要的作用是保护人体皮肤免受伤害，一般生活用水、雨水、游泳池的水都很难通过“透明层”。所以，这也是为什么我们在游泳池里泡 2~3 个小时，不会变成水胖子一样，只是发现在表皮层最上面的角质层，出现了一些泡腐的小肉皮，角质层下面的“透明层”起到了保护人体皮肤与内脏的目的。因此，水果、蔬菜、牛奶中的水分都是较大的普通水分子，它们是很难通过“透明层”直达可以修复皮肤的最底层——“基底层”的。所以，当你敷过果蔬天然面膜之后，当时反应很好，而第 2 天仍旧是一张暗黄的脸。要想美白皮肤，必须选用专业的、安全的护肤产品。

4. 千万不要相信“7 天美白的神话”，我们人体皮肤正常的新陈代谢的周期是 28 天左右，一般 3 个周期的时间，也就是 3 个月左右达到美白的效果才是安全的美白。能够快速达到美白效果的护肤品，大部分都是添加有汞、铅、银等重金属或不安全美白成分的。千万不要让自己的脸成了某些不良产品的“试验田”。

别做形象偏执族

在我的工作中，经常会接触一群自己来应诊的爱美一族，总有一些非常有个性的朋友，她们在想寻求到正确答案的同时，言辞中又经常会说这样的话：“我觉得我很适合穿黄色的衣服！”“我穿黄色的衣服，心情就特别好！”“我挺喜欢穿短裙的，我觉得特显年轻！”“长发挺适合我的，我一直都留长发！”我常常等她们都说完之后，问她们一句话：“你觉得你喜欢的这样的装扮，自己100%满意吗？”答案大多是否定的。

这群朋友大多是属于有个性、有自己独特见解、超自信的一群人，不太容易改变自己的观点，我们常形容这一群朋友为“偏执族”，但是有关形象这样的话题，我们需要了解的是“我们喜欢的不一定是适合自己的”。也有许多朋友穿错了几十年，还未觉悟！是的，偏执没有力量，只有知识才有真正的力量！

建议这一类型的朋友，找到自己的专业形象顾问，听听正确的建议，认真探究一下“到底我适合什么！”而不是反复强调“我喜欢什么！”

社交服饰礼仪的注意事项

1. 进入室内场所，应该卸去帽子、大衣、围巾、雨伞等，并将其一起放至存衣处。若有些女性披肩、短外套等是作为服饰的一部分装饰物，则可以不必取下。

2. 参加晚宴等正式场合，女性应穿上典雅庄重的礼服，且不应露出小腿或颜色不协调的袜子。

3. 无论什么场合，与他人握手时不得戴手套，哪怕是极薄的手套也是不礼貌的，不过女性戴的礼服手套有时可除外。

4. 不得随意穿着睡衣裤便出来迎接客人。

5. 一般在参加活动时不宜频繁看表。

6. 穿露肩或背露的晚礼服赴晚会时，在室外，应用披肩、斗篷、大衣等适当地遮掩。进入室内后，披肩才可脱下。

7. 手包皆不宜放于餐桌上，可以挂到架子上或置于椅子靠背处。

8. 结婚戒指和订婚戒指都不应戴在手套上，但装饰性的戒指除外。

社交服饰礼仪六大禁忌

一、忌过分艳丽。

二、忌过分杂乱。

三、忌过分短小。

四、忌过分透视。

五、忌过分暴露。

六、忌过分紧身。

女士商务服饰礼仪

爱美是人的天性，而对于女性而言，就显得格外明显了。俗话说“三分长相，七分打扮”，所以，一个女人的魅力气质，很大程度靠打扮加分。比如着装的个性与适宜就极为讲究了，并不是漂亮衣服就适合所有人。女性的穿着打扮应该灵活变化，学会在不同的场合做适宜的装扮；搭配衣服、鞋子、发型、首饰、化妆，使之完美和谐，这才是美丽的关键。你总不会希望别人异口同声称赞的是你的衣服好漂亮、你的鞋子好别致等，而不是觉得你的整体形象让人眼前一亮。职场中充满机遇和挑战，对于涉世不深的年轻人，应当注意许多日常生活中的细节，因为它会直接影响你的前程。

职业女性着装的原则

1. 端庄稳重

随着社会的快速发展，如何得体适度的穿着已成为魅力女性的必修课。对于寻职或在职的女性而言，服饰穿着首要讲究端庄稳重，尤其是在政界、工商界、金融界和学术界等。打扮过于时髦的女性，并不能给人以好的印象，反而会让人觉得你处事不太严谨，性格不太稳重。目前女装款式中，裙式正装几乎被公认为最恰当的职业女装。裙式既不失女性本色，又能切合庄重与大方的准则。除了特殊情况外，职业女性在公共场合或上班时穿此类裙装都非常得体。

2. 根据职位来选择服装

职业女性穿着的另一个原则是：你所要选择的穿着方式，是依照你希望获得的职位为标准，而不是依照你目前的状况而定位。这项原则往往会被人忽略掉，所以，职业女性若是不注意着装也有可能错失良好工作的机遇。

3. 职业女性不恰当的着装及禁忌

成功的职业女性必须懂得如何得体地装扮自己。但在日常生活中，职业女性的着装常会出现一些问题：

① 过分时髦型。现代女性应和流行服装的趋势是很正常的现象，即使你不去刻意追求，流行元素也或多或少地影响着你的着装。流行的东西是因为它固有的美才能被人们认同，但这种美并不等于所有场合下都能达到如意的效果，还需要合理精心的打造。在职场中，女性的美主要体现在工作能力上，而非赶时髦的能力上。一个成功的职业女性对于流行的选择必须有正确的判断力，不能盲目地追求时髦。

② 过分暴露型。夏日炎炎的时候，许多职业女性不够注重自己的身份，为了表现自己迷人的身材，穿起颇为性感的服装。这样你的智慧和能力往往会被埋没，甚至还会被看成轻浮。因此，不管天气如何炎热，也应注重自己仪表的整洁大方。

③ 过分潇洒型。最典型的代表就是一件随随便便的T恤或罩衫，配上一条泛白的“破”牛仔裤，丝毫不顾及办公室的原则和体制，这样的穿着可以说是非常不合适的。

④ 过分可爱型。有些女性喜欢选择一些可爱的款式风格，显得自己比较清纯，但是这种服装也不太适合在工作中穿着，这样会给人不稳重的感觉。

女士商务皮鞋的礼仪

1. 商务皮鞋鞋跟的规范

① 鞋跟不可过高过细。

② 商务皮鞋鞋跟以 2~3cm 为宜。

2. 不同款型的鞋子的禁忌

① 正式、庄重的场合不宜穿凉鞋或靴子。

② 穿可包裹脚趾的皮鞋。

3. 商务皮鞋如何正确搭配

① 女士皮鞋以白色、棕色、黑色或与服装颜色一致或同色系为宜。

② 在商务场合黑色皮鞋适用面最广。

③ 禁忌白鞋配黑袜。

④ 平底鞋或布鞋不可搭配商务套装。

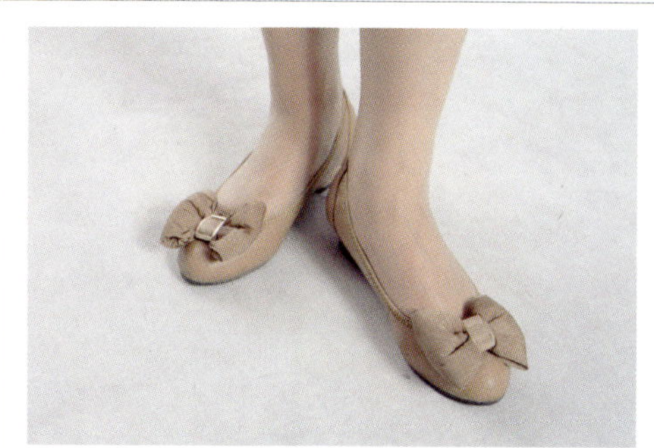

女士丝袜、内衣的选择和搭配

除了重视主体衣服的选择之外，丝袜、内衣的搭配也要多加考究。如袜子以透明近似肤色或与服装颜色协调为好，穿带有大花纹的袜子出席正规场合会不太适宜。社交场合，女士穿裙子时袜子以肉色最好，而花色图案的袜子则不合适。长筒丝袜口与裙子下摆之间不能有间隔，避免露出腿的一部分，那样很不雅观，不符合服饰礼仪的规范。有破洞的丝袜不能露在外面，穿有明显破痕的高筒袜在公众场合总会令人感到尴尬（女性外出时最好在包包里备用一双丝袜，丝袜被刮坏时可以及时更换）。内衣颜色、款式的选择也应与外衣相配合，尽量选择浅色的胸衣和低领的内衣，在职场切不可出现透视装、内衣外透的情况，这样会有失风雅。

女士配饰的正确佩戴方法与禁忌

配饰在服装搭配中的主要作用在于对整体的风格起修饰作用。配饰的种类主要有胸针、首饰、耳环、项链、戒指、领带、围巾、丝巾等。巧妙地佩戴饰品能够起到画龙点睛的作用，给女士的魅力气质增添色彩。但是佩戴的饰品也不宜过多过杂，否则会分散对方的注意力。

佩戴饰品时，应尽量选择同一色系。佩戴首饰最关键的因素，在于要与你的整体服饰搭配和谐统一。胸针适合女性一年四季佩戴，佩戴胸针应因季节、服装的不同而变化，胸针应戴在第一粒与第二粒纽扣之间的平行位置上。首饰主要指耳环、项链、戒指、手镯、手链等。佩戴的首饰应与脸型、服装协调。首饰不宜同时戴多件，比如戒指，一只手最好只配戴一枚，手镯、手链一只手也不能戴 2 个以上。多戴则不雅还显得庸俗，特别是工作和重要社交场合，过度穿金戴银总不适宜，不合礼仪规范。巧用围巾，特别是女士佩戴的丝巾，会起到非常好的装饰效果。

男士商务服饰礼仪

在现代社会的公关社交活动中，人们普遍认为“西装革履”是现代职业男士的正规服饰。在重要商务场合，穿西装也是最为得体的，西装之所以长盛不衰，很重要的原因是它拥有深厚的文化内涵，主流的西装文化常常被人们打上“有文化、有教养、有绅士风度、有权威感”等标签。西装的主要特点是外观挺括、线条流畅、穿着舒适。若配上领带或领结后，则更显得高雅典朴。因此，西装也成为许多职场精英的首选装束。然而，穿西装也有许多讲究。

穿着西装应遵循的十大礼仪原则

1. 正式场合穿西装，要坚持三色原则，即身上的颜色不能超过 3 种颜色或 3 种色系，西服套装的上下装颜色应和谐一致。在搭配上，西装、衬衣、领带其中应有两样为素色。皮鞋、皮带、皮包应为一个颜色或色系。

2. 穿西装在正式庄重场合必须打领带，打领带时衬衣领口扣子必须系好，在其他场合不打领带时，衬衣领口扣子应解开。

3. 衬衣的袖子应该比西装的袖子长 1cm 左右，衬衣领口不要留空隙，而且衬衣领口应该比西装领口高 1cm 左右。

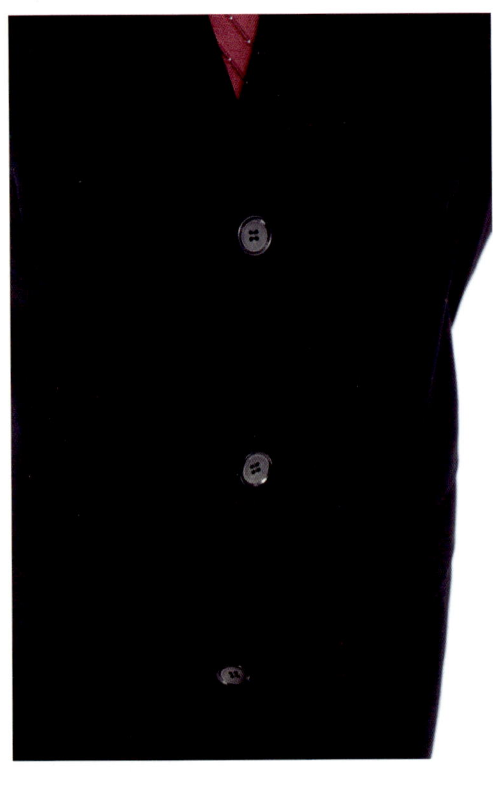

4. 配西装的衬衣颜色应与西装颜色协调，不能是同一色。白色衬衣配各种颜色的西装效果都不错，正式场合男士不宜穿色彩鲜艳的格子或花色衬衣。切忌衬衫放在西裤外。

5. 西装纽扣有单排、双排之分，纽扣系法有讲究：

① 单排扣西装：1 粒扣的西装，系上端庄，敞开潇洒；2 粒扣的西装，只系上面 1 粒扣是正确商务场合的着装规范，全扣和只扣第 2 粒均不合规范；3 粒扣的西装，系上面两粒或只系中间一粒都合乎规范要求。

② 双排扣西装应把扣子都扣好。

6. 穿西装时不要在腰间佩戴任何东西。西装的上衣口袋和裤子口袋里也同样不宜放太多的物品。任何场合都不要把手插在裤子口袋里。

7. 穿西装时内衣不要穿太多，春秋季节只配一件衬衣最好，冬季衬衣里面也不要穿棉毛衫，西装和衬衣之间可以配马甲，尽量不要穿毛衣或者毛背心，穿得过分臃肿会破坏西装的整体线条美，如果觉得冷，可以在外面穿风衣外套。

8. 领带的颜色、图案应与西装相协调，系领带时，领带的长度以触及皮带扣上端为宜。

9. 西装袖口的商标牌应摘掉，高雅场合会贻笑大方。

男士西装穿着的正确程序

1. 梳理头发。
2. 更换衬衣。
3. 更换西裤。
4. 穿着皮鞋。
5. 系领带。
6. 穿上装。

西装的穿着程序也是一种礼仪规范。

男士鞋袜与西装的搭配及注意事项

鞋袜的作用在整体着装中不可忽视，搭配不好会给人以头重脚轻的感觉。着便装穿皮鞋、布鞋、运动鞋都可以，而西装、正式套装则必须穿皮鞋。男士皮鞋的颜色以黑色、深咖啡色或深棕色较合适，白色皮鞋只有搭配浅色套装在某些场合才适用，黑色皮鞋适合各色服装和各种场合。正式社交场合，男士的袜子应该是深单一色的，黑、蓝、灰都可以，切忌不可黑色皮鞋配白袜。标准的西裤长度以裤管盖住皮鞋为宜。

不同的商务场合领带的正确运用与禁忌

1．条纹领带适合谈判、主持会议以及演讲等场合。（如图 1）

2．圆点、方格领带适合初次见面以及会见上司、长辈的场合。（如图 2）

3．不规则图案（蛇皮领带、卡通图案、花纹装饰等）的领带适合酒会、宴会或者私人约会，不适合职场。（如图 3）

1

2

3

男士商务装配饰的正确运用与禁忌

男士饰物不宜太多，太多则会少了些阳刚之气和潇洒之美。一条领带，一枚领带夹，某些特殊场合，在西装上衣胸前口袋上配一块装饰手帕就够了。

领带夹的用法：

应在穿西装时使用，也就是说单穿长袖衬衫时没必要使用领带夹，更不要在穿夹克时使用领带夹。穿西装时使用领带夹，应将其别在特定的位置，即从上往下数，在衬衫的第 4 粒与第 5 粒纽扣之间，将领带夹别上，然后扣上西装上衣的扣子，从外面一般应当看不见领带夹。因为按照装饰礼仪的规定，领带夹这种饰物的主要用途是固定领带，不要将领带夹别得太靠上，甚至直逼衬衫领扣，这样会显得过分张扬。

在不同的商务场合，根据不同的工作性质，我们可以体现不同风格的衣着打扮，可顺应其主流，融合在其文化背景中，总之，穿衣是形象工程的大事。饰物的选用也应遵循 TPO 原则，重要的是以和谐为美。西方的服装设计大师认为：“服装不能造出完人，但是第一印象的 80% 来自于着装。”因此，千万不可掉以轻心！

通过服装搭配的学习，小美开始寻找适合自己的服装类型及整体搭配，并不断进行练习。

1．找准适合自己的服装定位，总结自身外在形象的优缺点，学会扬长避短。

2．学习商务礼仪的搭配要点，注意避免禁忌。

第7章

你的气质决定成功与否——形体礼仪

人们往往都会说“细节决定成败”，在生活中、在工作上你的举手投足可能很大程度决定了你的整体素质及影响力。而成就这样的魅力，不是一日之功，需要我们持之以恒，做好每一个细节，一言一行，坐立行走都是我们的必修课！经过不断的修炼与努力，希望你就是名符其实的成功人士。

展示正确轻松的站姿礼仪

站姿——站如松 要求：优美、轻松、挺拔。

站姿的基本要求是“站如松”。站立是生活中最基本的一种举止。正确健美的站姿给人以挺拔笔直、舒展俊美、精力充沛、积极进取、充满自信的感觉。

要领：站立时身体要求端正、挺拔，重心放在两脚中间，挺胸、收腹，肩膀要平，两肩要平，放松，两眼自然平视，嘴微闭，面带笑容。平时双手交叉放在体后，与客人谈话时应上前一步，双手交叉放在体前。

女士站立姿势：

1. 头部抬起，面部朝向正前方，双眼平视，下颌微微内收，颈部挺直。
2. 双肩自然放松端平且收腹挺胸，但不显僵硬。
3. 站立时身体不要身斜体歪，双臂自然下垂，处于身体两侧。
4. 两腿并拢，双脚呈“丁”字或“V”字形站立。
5. 做到“五点一线”（头、肩、臀、小腿、脚跟）。

职场商务女士站姿：

第一种：脚跟脚尖并拢，双手握空拳，置于裤缝两旁，收腹挺胸，臀部上提，微笑。（如图 1）

第二种：脚跟并拢，脚尖打开小八字步，大约 10cm，即一拳左右。（如图 2）

第三种：双脚呈丁字步站立，右手压左手，置于丹田处。（如图 3）

1

2

3

男士站立姿势：

1．双眼平视前方，下颌微微内收，颈部挺直。

2．双肩自然放松端平且收腹挺胸，不僵硬。

3．双肩自然下垂，处于身体两侧。

4．脚跟并拢，脚呈“V”形分开，两脚尖约呈 45°，或双脚平行分开，与肩同宽。

职场商务男士站姿：

第一种：双脚打开，与肩同宽，双手放松，置于裤缝两侧。（如图 1）

第二种：双脚打开，与肩同宽，双手背后，右手压左手，而不可双手于背后勾拳或者托手。（如图 2）

第三种：双脚打开，与肩同宽，双手呈“护印手”，置于丹田处。（如图 3）

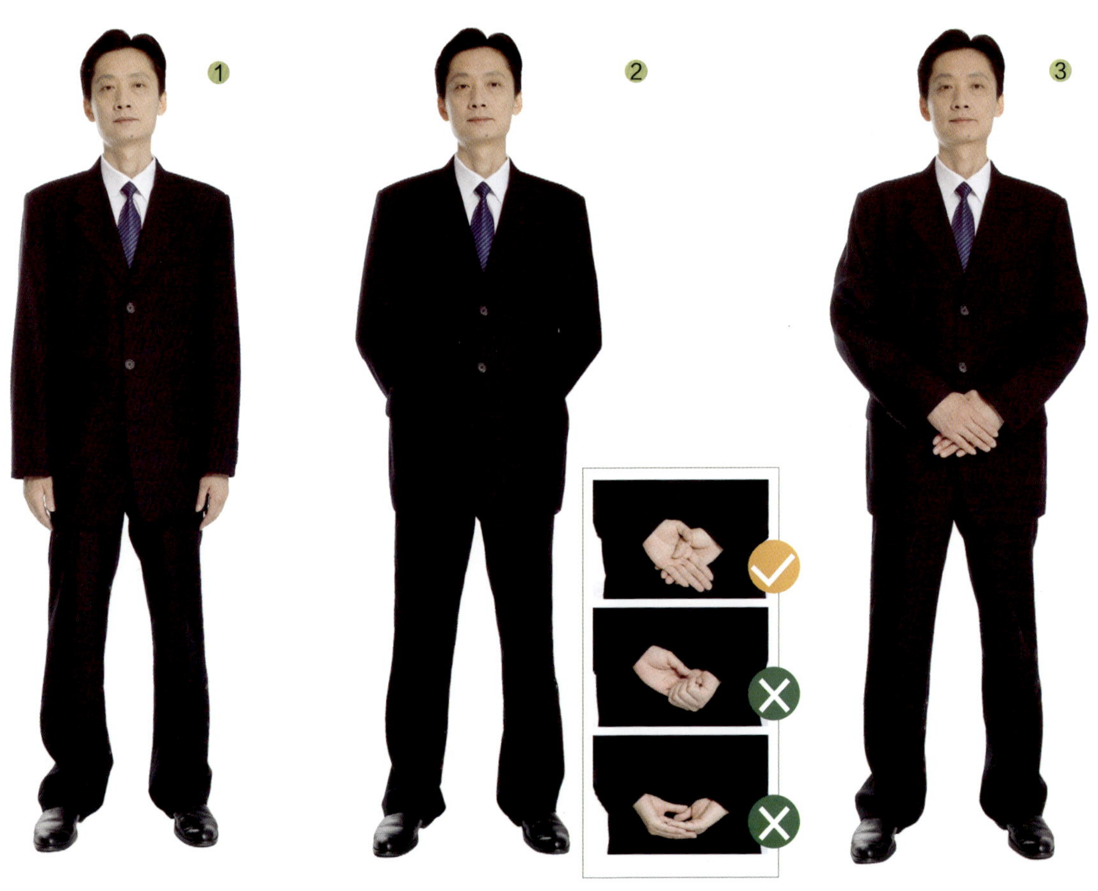

注意：站立时不得东倒西歪、歪脖、斜肩、弓背、O形腿，也不要躬腰驼背或挺肚后仰，双手不要抱臂于胸前或插入口袋，不得靠墙或斜倚在其他支撑物上。

展示自然端庄的坐姿礼仪

坐姿——坐如钟 要求：稳重、自然、端庄

坐姿的基本要求是“坐如钟”。 端庄优美的坐姿会给人以文雅、稳重大方的美感。

入座时，应从容自如地走到座位前，然后转身轻而稳地落座，并将右脚与左脚并排自然摆放。坐定后，身体重心垂直向下，腰部挺起，上体保持正直，头部保持平稳，两眼平视，下颌微收，双掌自然地放在膝头或者座椅的扶手上。女士入座时，若着裙装，应用手将裙稍微拢一下，不要等坐下后，再重新站起来整理衣裙。

女士标准坐姿：

保持上身正直，挺胸直腰，背部不靠椅子后背，臀部不满坐（一般只坐满椅子的 2/3），两腿与两臂自然弯曲，两手可扶住膝部，亦可两手交叉放于大腿上。

职场商务女士坐姿：

第一种：坐姿基本形。（如图 1）

第二种：两脚交叠的坐姿。（如图 2）

第三种：双脚斜放的坐姿。（如图 3）

第四种：脚踝交叉的坐姿。（如图 4）

第五种：微微张开双脚的坐姿。（如图 5）

第六种：脚踝盘住收起的坐姿。（如图 6）

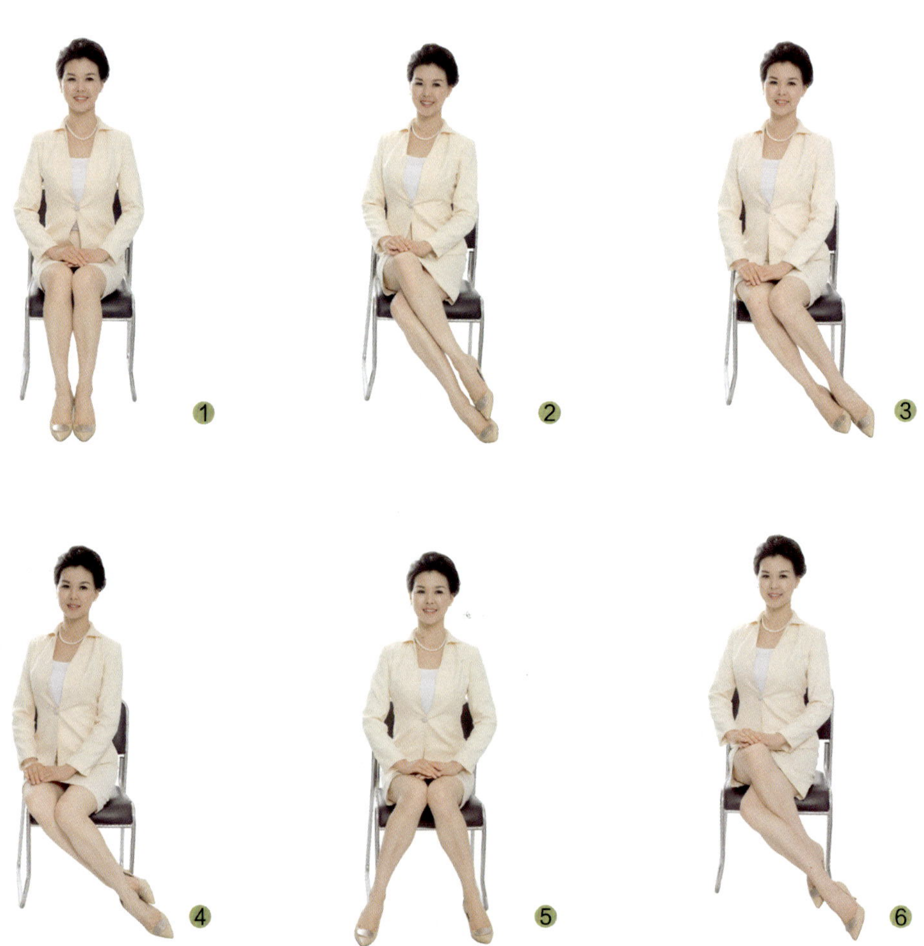

男士标准坐姿：

1．上身正直上挺，双肩正平，两手放在两腿或扶手上，双膝与肩同宽，小腿垂直落于地面，双脚自然分开呈45°。

2．入座时，可将西装的最下一粒纽扣解开，防止衣服堆积在胸口。

职场商务男士坐姿：

第一种

1．坐椅子2/3处，双脚平行打开，与肩同宽。（如图1）

2．双手呈“护印手”，即右手压左手。（如图2）

1

2

第二种

1. 坐椅子 2/3 处，双脚平行打开，与肩同宽。（如图 3）

2. 双手放于双腿上。（如图 4）

注意：男士坐姿不得姿态懒散、随意弓背、托腮发呆等。

展示得体优雅的行姿礼仪

行姿——行如风　要求：自然大方、充满活力、神采奕奕。

行姿的基本要求是“行如风”。行走时身体重心可稍向前倾，昂首、挺胸、收腹，上体要正直，双目平视，嘴微闭，面露笑容，肩部放松，两臂自然下垂摆动，前后幅度约 45°，步度要保持，一般标准是一脚踩出落地后，脚跟离未踩出脚的脚尖距离大约是自己的脚长。行走前进路线，女士走一字线，双脚跟走成一条直线，步子较小，行如和风；男士行走脚跟走成两条直线，迈稳健大步。行步速度，一般是女士每分钟 118~120 步，男士每分钟 108~110 步。

行姿要求：

面带微笑，身体协调，姿势稳健，仪态大方。

步伐从容，步态平衡，步幅适中，步速均匀，走成直线。

双臂自然摆动，挺胸抬头，下颌微收，目视前方。

职场商务场合行姿注意事项：

1. 行走时路线一般靠右行，不可走在路中间。

2. 行走时不能走“内八字”或“外八字”，不要左摇右摆、摇头晃脑、左顾右盼、手插口袋、吹口哨，也不要弯腰驼背、歪肩晃膀， 不要双腿过于弯曲，慌张奔跑或与他人勾肩搭背。

3. 行走过程中遇到客人，应自然注视对方，点头示意并主动让路，不可抢道而行。如有急事需超越时，应先向前面的客人致歉再加快步伐超越，动作不可过猛。

4. 在路面较窄的地方遇到客人，应将身体正面转向客人；在来宾面前引导时，应尽量走在宾客的左侧前方，整个身体半转向宾客方向，左肩稍前，右肩稍后，保持2~3步的距离。遇到上下楼梯、拐弯、进门时，要伸出左手示意，提示客人先上。

展示含蓄内敛的蹲姿礼仪

蹲姿的基本要求：自然、含蓄、得体。

要领：在拾取低处物品时应采取正确的蹲姿。下蹲时两腿紧靠，左脚掌基本着地，小腿大致垂直于地面，右脚脚跟提起，脚尖着地，微微屈膝，移低身体重心，弯下腰拾取物品。不能只弯上身、翘臀部，此类“鸵鸟”式蹲姿在商务场合十分不雅。

高低式——适合职场男士。

动作要领：双腿一高一低，大方得体，单手捡物。（如图 1）

交叉式——适合职场女士。

动作要领：侧面蹲下，左脚在前，左手捡物，单手护胸。右侧反之。（如图 2~图 4）

半跪式——适合服务性行业。

展示大方自如的手势礼仪

手势的基本要求：优雅、大方、彬彬有礼。

要领：在接待、引路、向贵宾介绍信息时要使用正确的手势，五指并拢伸直，掌心不可凹陷（女士可稍稍压低食指）。掌心向上，以肘关节为轴。眼望目标指引方向，同时应注意客人是否明确所指引的目标。

注意：切记不可只用食指指指点点，而应采用掌式。

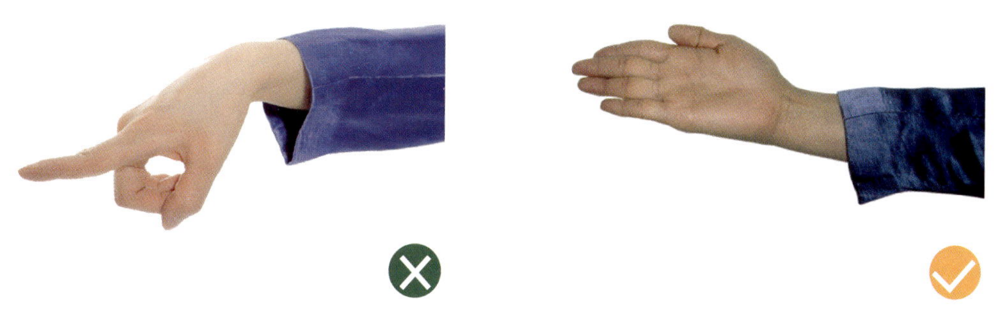

小美在经过“形体礼仪”学习之后，在整体形象塑造方面也有了突飞猛进的进步，整个人的气质形象及内在修养都有了一个质的飞跃。现在的小美变身一位白领女性的高雅形象。相信小美通过自身的修炼和努力，一定会在竞争激烈的职场上独占鳌头。

后 记

中国有五千年的文化历史，素来有“礼仪之邦”的美称，现今全球经济一体化，商业社会竞争激烈，拥有优雅得体的专业礼仪形象，无异于拿到了一把开启事业成功之门的金钥匙。随着中国与国际商务接轨步伐的加快，国人秉着以礼相待的原则，接纳海内外的客人。尤其是在中国的职场上：商务宴会、商务谈判、社交酒会等商务活动的增加，形象礼仪越来越发挥着举足轻重的作用。

在这个越来越眼球化的社会，形象的包装已不再是明星的“专利”，普通职场人士对自己的形象也越来越重视，一个人，尤其是职场人士的形象将可能左右其职业生涯的发展前景，甚至会直接影响到一个人事业的成败。心理学家指出，我们于别人心目中的印象，一般在 15 秒内形成。别人依据我们的衣着打扮、谈吐与行为来构成印象，然后推断我们的性格。据著名形象设计公司英国 CMB 对 300 名金融公司决策人的调查显示，成功的形象塑造是获得高职位的关键。另一项调查显示，形象直接影响到收入水平，那些更有形象魅力的人收入通常比一般同事要高 14%。职场中一个人的工作能力是关键，但同时也需要注重自身专业形象的打造，特别是在职场求职、商务会议、商务谈判等重要活动场合，形象好坏将很大程度决定你的成败。个人形象就像个人职业生涯乐章上跳跃的音符，配合主旋律会给人创意的惊奇和美好的感觉，脱离主旋律或不适合的符号，将会打破整个韵律的和谐，给自己的个人成功带来负面影响。

气质真的和出身无关吗？许多人在初涉形象蜕变时，都有此忧虑和担心，其实你看看如今走红的明星就知道，他们之中也并非每个人都出身名门，也有许多是出生在普通家庭，只要自己愿意改变，愿意挑战，愿意尝试！在形象上多一些关注，集中学习有关色彩、美容、彩妆的知识，多看看时尚类的书籍、杂志，寻找到好的形象老师，在其指导下多尝试、多练习，下决心彻底改变自己的形象，世上无难事，只怕有心人！你的形象蜕变与出身无关！相信你自己！

因而，亲爱的朋友们！你的形象决定着你的未来！让我们一起加油！

本书编委会
主　编　余　静
编　委　廖名迪　贺梦瑶　谭阳春　李玉栋

图书在版编目（CIP）数据

形象决定未来 / 余静主编. —沈阳：辽宁科学技术出版社，2013.2
ISBN 978-7-5381-7852-4

I. ①形…　II. ①余…　III. ①个人—形象—设计　IV. ① B834.3

中国版本图书馆 CIP 数据核字（2013）第 013779 号

如有图书质量问题，请电话联系
湖南攀辰图书发行有限公司
地址：长沙市车站北路 236 号芙蓉国土局 B 栋 1401 室
邮编：410000
网址：www.penqen.cn
电话：0731-82276692　82276693

出版发行：辽宁科学技术出版社
（地址：沈阳市和平区十一纬路 29 号　邮编：110003）
印 刷 者：长沙市永生彩印有限公司
经 销 者：各地新华书店
幅面尺寸：185mm × 210mm
印　　张：6
字　　数：162 千字
出版时间：2013 年 2 月第 1 版
印刷时间：2013 年 2 月第 1 次印刷
责任编辑：王玉宝　攀　辰
摄　　影：龙　斌
封面设计：添翼图文设计室
版式设计：攀辰图书
责任校对：合　力

书　　号：ISBN 978-7-5381-7852-4
定　　价：24.80 元
联系电话：024-23284376
邮购热线：024-23284502
淘宝商城：http://lkjcbs.tmall.com
E-mail：lnkjc@126.com
http：//www.lnkj.com.cn
本书网址：www.lnkj.cn/uri.sh/7852